石油地質学概論

第二版

氏家良博

東海教育研究所

第一版まえがき

人類が初めて火を使用した記録は，今から約60万年前の北京原人の時代にまでさかのぼるという．彼らは山火事などからえた火を利用し，洞くつの中で焚き火をしていたらしい．それ以降，人類は火を利用して生活し，さらにその火をエネルギーとして使い自然環境を変化させ，文明を永々と築き上げてきた．エネルギーの利用なしでは，現在の私たちの生活は成り立ちえなかったであろう．

人類に利用された最初のエネルギー資源は，薪（木材）であった．長い薪の時代を経たのち，産業革命を契機として，18世紀ごろから石炭の利用へと代わってきた．やがて，1950年代になると，産業のさらなる発展にともない，石油の利用が急増し，現在では人類の使う全エネルギーの65％近くが石油からとり出されている．まさに，現在の人類社会は，石油を食い尽しながら発展しているといえよう．

人類と石油とのかかわりは意外に古く，BC 3000年ごろのメソポタミア地方にその記録が残っている．この地方に住んでいたシュメール人は，大理石を彫刻して立像をつくった．その立像の眼孔に眼球を固定するため，アスファルトを接着剤として利用したのである．その後，BC 2500年ごろのエジプトでは，ミイラをつくる時の防腐剤として，また舟などの防水剤として，アスファルトを使用した．古代ペルシァでは，BC 14 世紀から AD 7 世紀にかけて，拝火教とよばれる火の信仰が隆盛をきわめた．中でも，ゾロアスター教はとくに有名である．拝火教では，天然ガスの噴出地に火殿を設け，噴出した天然ガスを燃焼させて，その火を神格化し，人々は崇拝した．ヨーロッパにおいては，15世紀から17 世紀にかけて，石油は薬剤として珍重された．同じころ，北アメリカでは，インディアンがやはり薬用として石油を身体に塗ったり，神に祈りをささげるときに燃やしていた．このように，石油はエネルギー資源として利用される以前から，さまざまな用途で人類に利用されていた．

石油は，石油化学工業の原料としても現在おおいに利用されている．ナイロン，ポリエステル，アクリルなどの合成繊維・ビニール・プラスチック・ゴム・食品などを包むラップフィルム・ポリ袋・化学調味料・農薬・接着剤，さらに建築用の断熱材・防音材・塗料，はては人工臓器に至るまで，石油化学製品は私たちの周囲に満ちあふれている．強い，軽い，柔かい，安い，加工しやすい，燃えにくい，腐食しない，外観が美しいなど，製品それぞれの特徴をいかし，石油化学製品は今後ますます利用されてゆくであろう．石油化学製品なくして，私たちの生活はもはや考えられない．

エネルギー資源としても，化学製品の原料としても，私たちの生活になくてはならない石油であるが，その埋蔵量は当然有限である．現在のような高い消費量がつづけば，数十年後に石油は必ず涸渇するであろう．

資源としては老い先短かい石油であるが，その正体はまだよくわかっていない．生成状況が複雑なうえに，移動することが研究の困難さをもたらしている．

本書は，石油地質学の入門用教科書として書いたものであり，現時点で理解しうる石油資源の全体像を解き明かすことを目的とした．石油の生成から鉱床の形成までは，天然では一連の過程として連続しているが，本書では理解しやすいように，その過程をLevorsen（1967）にしたがい4つの段階に分けた．すなわち生成（origin），移動（migration），集積（accumulation），保存（preservation）である．これら4つの項目に，石油の正体と，石油鉱業という面から探鉱・開発と生産，ならびに将来の石油資源と日本の石油資源の各項目を加え，項目ごとに説明するようにした．これらすべての内容を，一人で独創的に解説することは，浅学菲才の筆者には不可能である．巻末にあげた引用文献，参考文献から，その成果を利用させていただいたことを，まずお断わりしておく．

エネルギー資源が，政治的・経済的あるいは環境的な社会問題として，いろいろ議論されている昨今，本書により“石油がいかに貴重なものであるか”を理解していただければ幸いである．

筆者が，まがりなりにも石油地質学に関する本小論を書くことができたのは，学生時代から御指導・御教示いただいている元東京教育大学教授（現麻布大学教授）大森昌衛先生，ならびに元北海道大学助教授（現信州大学教授）秋山雅彦先生のおかげである．両先生には粗稿にも目を通していただいた．また，元東京大学教授，故河井興三先生が，1977年に北海道大学大学院で開講された特別講義「石油地質学」からは多くのことを学ばせていただき，その内容は本書の中でも利用させていただいた．有機地球化学研究会（田口一雄会長）の会員の方々からは，シンポジウムなどの折に，石油探鉱に関する最新の情報などを聴かせていただいている．本書は，私にとり処女出版であったため，東海大学出版会の中陣隆夫氏には編集などでたいへんな御尽力をいただいた．以上の方々のご協力がなければ，本書は世に出ることがなかったと思われる．上記の皆様に厚く御礼申し上げる．

1989年10月15日

氏家良博

第二版まえがき

1990年１月に「石油地質学概論（第一版）」を出版してから，早四年になろうとしている．幸いにも，多くの方々に読んで頂き，貴重なご意見やご批判も頂くことができた．第一版の「まえがき」に記した“石油がいかに貴重なものであるか”を読者の方々に理解して頂きたいという私の願いも，少しは実現したであろう．

現在も研究が進行中の分野を扱っている書物は，その書物が書かれた時点から既に古いものになってしまう．「石油地質学概論」もまさにそれであり，第一版に載せられた色々なデータ資料等は，古くなってしまった．しかし，若干の新しい学説や論文の出現を除けば，第一版に記述した学説や事実のもつ意義は，この四年間を経ても基本的には不変であった．そこで，第一版の内容に，新しく提唱された学説や新事実を加え，データの数値を新しいものと入れ替えて，ここに「石油地質学概論（第二版）」を刊行することとなった．第一版と同様に，多くの方々に読んで頂き，貴重なご意見を頂ければ幸いである．

なお，「石油地質学概論（第二版）」の編集にあたっては，東海大学出版会製作課の瀬戸洋祐，川上文雄両氏にご尽力頂いた．厚く御礼申し上げる．

1993年12月８日

氏家良博

目　次

1章　石油の正体

“石油”といわれて，まず皆さんの頭に浮かぶのは何であろうか．自動車のガソリン，それともストーブの灯油であろうか．ガソリン・灯油・軽油などとよばれる“石油”は，正式には“石油製品”という．地下からくみ上げた石油を，工場で人為的に精製した商品である．

天然に存在する“石油”，すなわち人間が全く手を加えていない石油は，もっともっと複雑な物質である．

1章では，“石油とは何か（定義）”を中心に，その成分や性質について説明する．また，化石燃料として一括される石炭や天然ガスと石油との関係についても，あとで触れる．

1-1　石油の定義

地質学で“石油”という単語を使うときには，一般に工業的に精製された油（refined oil）は除外されており，厳密には“原油（crude oil）”を意味する．“原油”とは“天然に産出して，地表条件では液状をなす炭化水素類の混合体”と定義されている[1)*]．しかし，英語で一般に石油を表わす“petroleum”という単語の内容には，液体の油（oil），気体の天然ガス（natural gas），および固体の炭化水素類がすべて含められている．日本でも石油関係者は，同様の意味で“石油”という単語を使うことが普通である[2,3)]．

本書でも，とくに区別する必要がある場合以外には，液体に気体と固体を含めた炭化水素類全部に対して，“石油”という単語を用いる．

---

* 1）は引用文献の番号であり，文献は巻末に列挙した（以下同じ）．

さらに，“石油”という単語は，次のような意味で使われることもあるので，注意しなければならない．“石油鉱床（油田，ガス田）”のことを単に“石油”とよぶ場合で，たとえば“石油の形成”というときには，“石油鉱床の形成”を意味することが多い．また，“石油に類似した物質”のことも，単に“石油”とか“石油炭化水素”とよぶこともある．“石油の移動”という場合が，これにあたる．

このように，“石油”という単語には，内容のほかに使い方にも混乱がある．前後の文脈から，その意味を正しく判断しなければならない．

1-2　石油の成分と性質

石油の成分を化合物として分類すると，表 1-1のようになる．石油はきわめて多種類の化合物の混合体であり，しかも均一の組成をもったものではない．石油成分の完全な分析は，たった1つの原油試料についても，いまだかつておこなわれたことはない．おそらく1,000種以上

表 1-1　石油の成分

石油	炭化水素	パラフィン系（アルカン）：飽和鎖状化合物
		ナフテン系（シクロパラフィン）：飽和環状化合物
		芳香族：ベンゼン環をもつ環状化合物
		オレフィン系：不飽和鎖状化合物（原油中には稀な存在）
	非炭化水素	アスファルト：S・N・Oなどを含む複雑な化合物
		その他

の化合物から構成されているであろう．

米国石油協会（American Petroleum Institute）は“Research Project 6”としてオクラホマ州 Ponca City 原油の成分分析をおこなった[4]．また，Smith は世界各地の代表的な21個の原油の成分分析をおこなった[5]．それらの分析は完全ではないが，石油成分の大部分は炭化水素（hydrocarbon；図 1-1）であることが判明した．

現在までに，350 種以上の炭化水素が同定されている

パラフィン（アルカン）

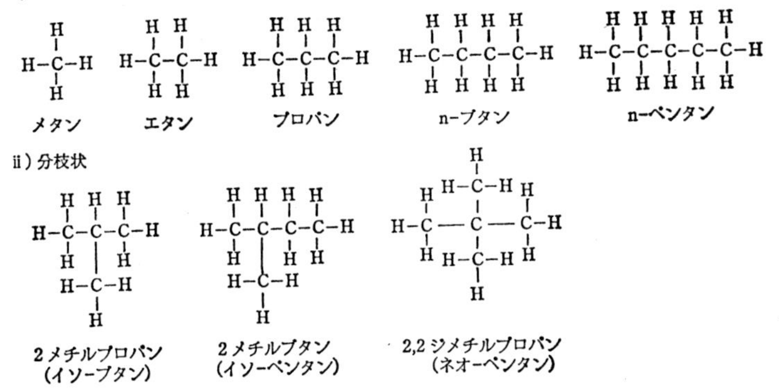

ナフテン（シクロパラフィン）

シクロペンタン　シクロヘキサン　デカヒドロナフタリン（デカリン）

芳香族

ベンゼン　ナフタリン

図 1-1　原油中に認められる主な炭化水素

が，それらのほとんどは炭素数が15個以下の分子である．また，量的には少ないが，非炭化水素化合物（図1-2）も原油中から発見されており，200種以上の硫黄化合物，50種以上の窒素化合物，70種近い酸素化合物が同定されている．

フランス石油研究所（Institut Francais du Petrole）の分析によれば，636個の原油の分析値を平均すると，原油は飽和炭化水素（パラフィン系＋ナフテン系）53.3重量％，芳香族炭化水素28.2％，非炭化水素化合物18.5％から構成されている[6]．

石油全体の元素組成をしらべると，表1-2のような結

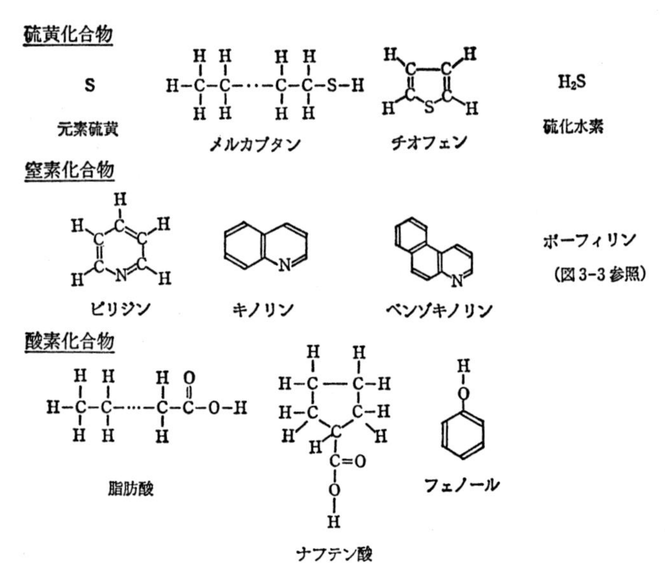

図 1-2 原油中に認められる非炭化水素化合物の例

果となり，炭素と水素で石油の 80～90 % 以上が構成されている[7]．

表 1-2 石油類の元素組成（重量パーセント）[7]

元素	原油	アスファルト	天然ガス
炭素	82.2—87.1	80—85	65—80
水素	11.7—14.7	8.5—11	1—25
硫黄	0.1— 5.5	2— 8	微量—0.2
窒素	0.1— 1.5	0— 2	1—15
酸素	0.1— 4.5	——	——

石油の比重は，一般的には 0.75～0.95 であるが，アスファルト分を多く含むオイルサンド（8-5参照）などでは，1.0を超える重い石油も存在する．

比重により原油は，軽質原油（light crude oil）・中質原油(middle crude oil)・重質原油(heavy crude oil)・特重質原油（specially heavy crude oil）に分類される(表 1-3)．

国際的には，原油の比重は API 度（API gravity）で

表 1-3　比重による原油の分類

	日本国内の分類	国際的分類
軽質原油	比重0.830未満	34° API以上
中質原油	0.904未満	30° API以上
重質原油	0.966未満	30° API未満
特重質原油	0.966以上	——

示すことが多い．API度は次式により求められる．

API度＝(141.5／G)－131.5

ここでGは60°F（15.6℃）における原油の質量と，それと同体積の60° Fにおける水の質量との比を示す．

原油の粘度（viscosity）は比重と関係し，比重の小さなものは，粘度も小さい．また，同一の原油では，温度の上昇にともない，粘度は低下する．圧力の上昇では，粘度も増加する．天然ガスの場合には，粘度は温度とともに増加するが，高圧下では逆に温度上昇により低下する．

石油の発熱量は，原油で1 *l* 当たり9,600～12,000 kcalといわれており，平均で10,000 kcalとされている．また，天然ガスでは，1 m³当たり平均で10,000 kcalとされている．したがって，発熱量から考えれば，天然ガス1 m³は原油1 *l* に匹敵する．

そのほかの主な石油の性質としては，蛍光性と旋光性（3-3参照）がある．これらは光に対する石油の物理的性質である．

石油の性状は，産地・年代により千差万別であり，100種類の石油があれば，100種類の性質を示す．

1-3　化石燃料

地質時代の生物の遺体が，地層とともに埋積され，現在まで残存しているものを，化石とよぶ．化石のうちでも，そのままの状態でエネルギー資源として利用できるものを，化石燃料(fossil fuel)または有機燃料(organic fuel)とよんでいる．

表 1-4 化石燃料の分類（文献[8]に一部加筆）

石油	気体	油田ガス	乾性ガス（3-3参照）
			湿性ガス（3-3参照）
	液体	原油	
	半固体	天然アスファルト	
	固体	アスファルト鉱・パラフィンワックスなど	
天然ガス	可燃性	C·H を主にするもの	炭田ガス（石炭の熱分解に由来するメタンが主），水溶性天然ガス（詳しくは9-2参照）
		H_2S を主にするもの	
	不燃性*	N_2 を主にするもの	
		CO_2 を主にするもの	
		H_2O を主にするもの	
石炭	腐植炭（陸植炭）	陸上植物を原材料とするもの	
	残留炭	樹脂・胞子・花粉などを原材料とするもの	
	腐泥炭	水中植物を原材料とするもの	

* 不燃性天然ガスは，正式には「化石燃料」には含まれない．

化石燃料には，石油・天然ガス・石炭（coal）があり，それらはさらにその成分などから表 1-4のように細分されている．この表からみると，植物に由来する石炭と，石油とは全く別の燃料のように考えられる．しかし，実は両者の中間的な性質をもつものも存在する．水中植物に由来し，炭化水素類から主に構成されるボッグヘッド炭（boghead coal）がそれである．表 1-4の分類は人為的なものであり，ボッグヘッド炭のように，石油と石炭，石炭と天然ガス，天然ガスと石油の各中間的な燃料も実際には存在する．

まとめ

石油地質学の分野でいう“石油”とは，天然に産出する，液体・気体・固体の炭化水素類である．石油の成分はきわめて複雑で，完全な分析はまだおこなわれたことがないが，主成分は炭素数が 15 個以下の炭化水素である．石油の性状は千差万別であり，全く同じ性質を持つ石油は 2 つとない．

化石燃料は石油・天然ガス・石炭に区分されるが，天然にはその中間型も存在する．

2章　石油の集積

石油資源については解明されていない項目が多いが，その中でもっともよく解明されている分野が，石油の集積（accumulation）である．石油の生成や移動を理解するためにも，まずは石油鉱床の存在様式である集積について説明する．

石油は，天然の地下では，どのような状態で集積しているのであろうか．地下に洞くつのような大きな空洞があり，そこに石油が満々とたたえられていると思っている人が結構多いようである．しかし，実際には，そのような状態の油田やガス田はない．

2章では，石油のたまっている岩石，すなわち貯留岩と，石油のたまる地質構造，すなわちトラップについて説明する．

2-1　貯留岩

石油は，岩石の孔隙（pore；砂などの粒子と粒子の間のわずかなすき間）や，岩石のごく小さな割れ目（fracture）に存在している．しかも，ほとんどの場合，石油は水と共存している（図2-1）．

このような状態で，石油をとどめておくことのできる岩石を，貯留岩（reservoir rock）という．

貯留岩として重要な岩石は，砂岩（sandstone）と炭酸塩岩（carbonate rock）であり，世界的にみれば，両者で全貯留岩の90％を占める（表2-1）．とくに，砂岩は6割を占有するもっとも重要な貯留岩である．しかし，貯留岩の種類や構成は，地域により異なる．たとえば，東北日本海沿岸地域の貯留岩は，砂岩62.5％，火

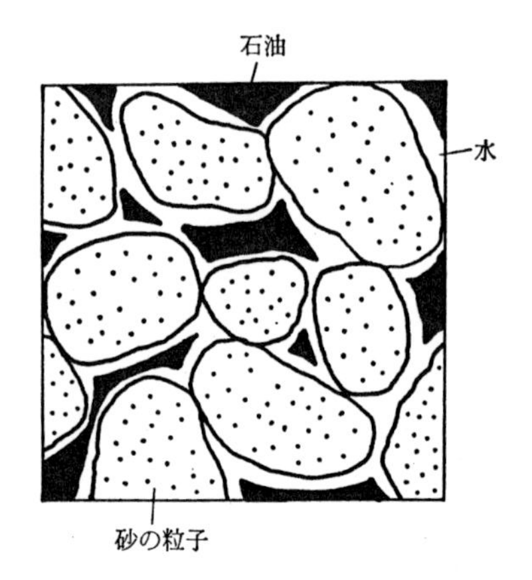

図 2-1　貯留岩中の石油

表 2-1　貯留岩の種類と構成比[6]

岩　石　名	構成比（%）
砕屑岩（主に砂岩）	60
炭酸塩岩（石灰岩・苦灰岩）	30
破砕性頁岩・火成岩・変成岩など	10

山砕屑岩（pyroclastic rock）29.5%，火山岩（volcanic rock）6.8%，炭酸塩岩1.1%から構成されている[9]．

また，巨大油・ガス田*に限ってみると，その40%以上は，炭酸塩岩を貯留岩にしている[6]．

貯留岩の中でも，とくに油を主に含むものを油層（oil reservoir），ガスを主に含むものをガス層（gas reservoir）ということもある．

a．孔隙率

貯留岩は，その孔隙に石油をたくわえているのであるから，貯留岩の本質的特徴は孔隙性（多孔性）である．

孔隙性の程度は，次式で示す孔隙率（porosity）により示される．

---

* 石油に換算して，究極埋蔵量（8-1参照）が5億バーレル（約8,000万m^3）以上のものをいう．

$$孔隙率(\%)=\frac{孔隙容積}{全体積}\times 100$$

この孔隙率は，厳密には**絶対孔隙率**（absolute porosity）とよばれる．

孔隙率の式において“孔隙容積”のかわりに，分子に“孤立していない，導通性のある孔隙の容積”を入れて算出したものを，**有効孔隙率**（effective porosity）とよぶ．有効孔隙率は，絶対孔隙率より一般に5～10％低い値を示すが，未固結堆積物では両者の値は等しくなる．

石油探鉱分野では，次に示す浸透率との関連から，有効孔隙率を使う場合が多い．

孔隙率は，続成作用の進行にともない，徐々に減少してゆく（図2-2）．

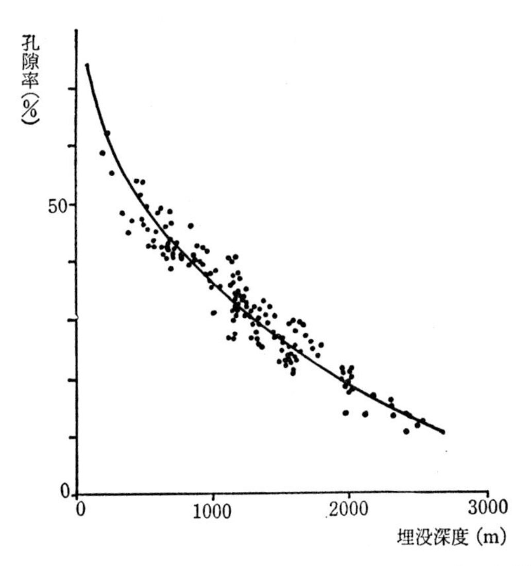

図 2-2　孔隙率と埋没深度の関係――秋田油田における中新統泥質岩の例――（文献[10]をもとに筆者が改変作図）

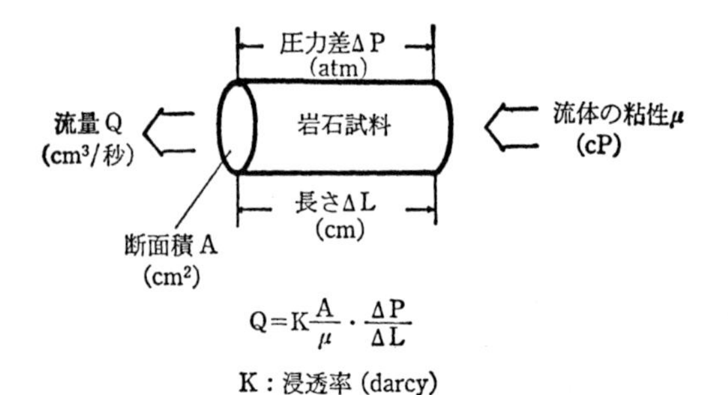

図 2-3　浸透率の測定

b．浸透率

貯留岩の特徴は，孔隙性だけではない．孔隙がほかの孔隙と連結せず，孤立していると，その孔隙中に存在している石油を採取することはできない．したがって，孔隙の連続により石油を通過させる性質，すなわち浸透性も貯留岩の重要な特徴である．

浸透性の程度は，Darcy の法則から，図 2-3のようにして求まる浸透率（permeability）により示される．

単一流体で孔隙が満たされた試料を水平に置き，その流体を浸透させる場合の浸透率を，**絶対浸透率**（absolute permeability）という．

複数の流体が共存している場合には，それぞれ1つずつの流体の浸透率を，**有効浸透率**（effective permeability）とよぶ．

さらに，絶対浸透率に対する有効浸透率の割合（%）

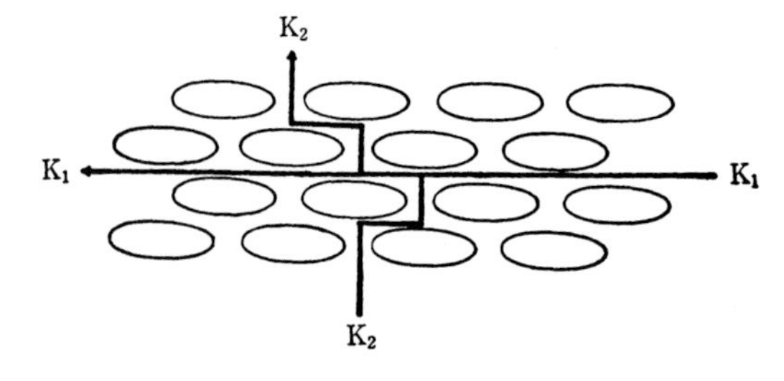

図 2-4　浸透率の方向性（概念図）

を，**相対浸透率**（relative permeability）とよんでいる．

浸透率は，孔隙率と異なり，方向性をもっている（図2-4）．石油探鉱分野では，空気または水を流体として，層理面に平行な方向の浸透率を測定することが多い．

c．貯留岩の評価

同一岩石における，孔隙率と浸透率との関係は，砂岩では明瞭な正の相関を示す（図2-5）．しかし，炭酸塩岩の場合には，砂岩ほど明瞭な関係は認められない（図2-6）．

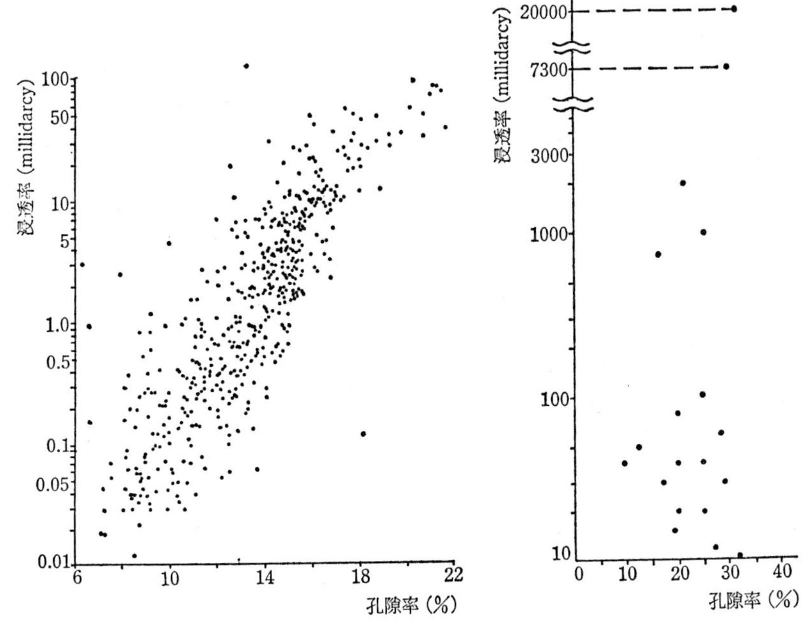

図 2-5　砂岩における孔隙率と浸透率の関係——米国ペンシルバニア州の中部デボン系の例——（文献[7]をもとに筆者が改変作図）

図 2-6　炭酸塩岩における孔隙率と浸透率の関係（文献[11]をもとに筆者が改変作図）

そこで，孔隙率と浸透率それぞれからみた貯留岩の評価を，表2-2に示す．

一般に，貯留岩になりうる岩石の孔隙率は10～35％，

表 2-2 孔隙率と浸透率からみた貯留岩の評価[7]

	孔隙率（%）	浸透率（ミリダルシー）
negligible（悪）	0— 5	——
poor（貧）	5—10	——
fair（可）	10—15	1.0— 10
good（良）	15—20	10— 100
very good（優）	20—25	100—1,000

浸透率は10～2,000ミリダルシー（md）といわれている．

2-2 トラップ

貯留岩中に石油が存在していても，それだけでは石油鉱床とよばれない．石油は，貯留岩の一部に濃集して集積されていなければならない．この部分をトラップ（trap）とよんでいる．

a．原理

流体は圧力の高い所から低い所へと流れるので，貯留岩中の石油は，一般に地下深い所から浅い上方へ向かい移動する．移動してきた石油が，それ以上移動できないような地質構造を“トラップ（「わな」の意味）”という．トラップがなければ，石油鉱床は形成されない．

トラップを形成する基本条件は，石油をそれ以上上方へ逃がさないように，緻密で浸透性の悪い岩石に，貯留岩がおおわれることである．このような浸透性の悪い岩石を，帽岩（cap rock）とかシール（seal）とよぶ．一般には，孔隙率が20%以下で，浸透率が10^{-4}md以下の岩石が帽岩となる．

帽岩にもっとも適した岩石は，岩塩（halite または rock salt；NaCl）と硬石膏（anhydrite；$CaSO_4$）である．さらに，緻密な石灰岩（limestone；$CaCO_3$）・泥岩（mudstone）・頁岩（shale）も，帽岩としての役割を果たす．

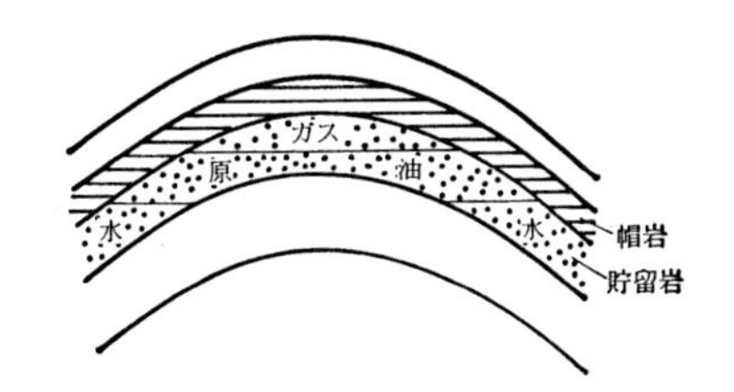

図 2-7 トラップ（背斜）内での原油・天然ガスの産状

貯留岩中では，一般に石油は水と共存しているが，トラップにおいては，比重の違いから，ガス相*・油相*・水相*に分離している（図2-7）．しかし，ガス相や油相でも，鉱物粒子の表面に付着するようにして（図2-1），10〜50％量の水が混入している．油相には，多量のガスも溶解していることが多い．

トラップには，ガス相をもたないもの，油相をもたないもの，ガスも油もなく水相だけのものも存在する．一般には，水相だけのものが圧倒的に多く，中東地域においてさえ，50％は水相だけの“不毛のトラップ”である[8]．

トラップ内に存在する水は，正確には塩水であり，油田水（oil field water）とか油層水とよばれる．油田水の大部分は，大昔の海水が堆積岩中に閉じこめられた遺留水（connate water）と考えられている．

油田水に溶解している塩類は，陽イオンとしては Na^{+}・Ca^{2+}・Mg^{2+} が主で，とくに Na^{+} が多い．陰イオンとしては Cl^{-} が卓越し，そのほかに CO_3^{2-}・HCO_3^{-}・SO_4^{2-} が存在する．

油田水の塩分濃度（salinity）は，一般に現在の海水（35‰）より低いか同じくらいであるが，まれに10倍ぐらい高いものもある．濃度の高い油田水は普通中・古生代の地層に多く，新生代の地層では，最高でも海水程度の濃度である．

* トラップ内において，貯留岩の孔隙を主にガスが占めている部分を「ガス相」とよぶ．「油相」・「水相」も同様である．

油田水中の溶解塩類の種類と濃度は，水の起源・続成作用・風化作用など，多数の要素により決定される．そこで，逆にこれらの塩類を，石油鉱床の生成過程を解明する手がかりとして利用する研究もおこなわれている[12]．

b．種類

トラップの種類は多いが，その生成機構により，構造トラップ・層位トラップ・構造―層位組み合わせトラップの3型に，大きく分類できる．

（1） 構造トラップ

主に褶曲か断層により形成されたトラップを，構造トラップ（structural trap）とよぶ．構造トラップは，その地質構造により，以下のようにさらに細分される．

1) **背斜トラップ**（anticlinal trap）

図2-7のように，褶曲の背斜部に形成されるトラップである．世界の全石油鉱床の70％以上は，背斜トラップから構成され[13]，もっとも重要なトラップである．

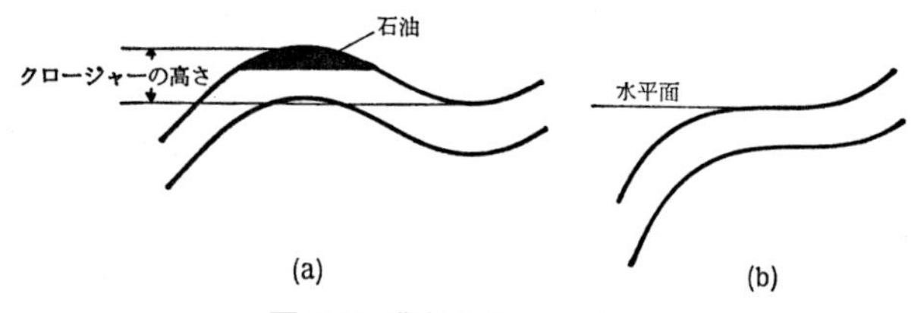

図 2-8 背斜とクロージャー

しかし，背斜でも，図2-8(b)に示すようなクロージャー（closure）のない場合には，石油はさらに上方へ押し流されてしまい，集積することはない．

背斜構造の軸の長さと幅に大きな差のない構造をドーム（dome）という．ドームにともなうトラップを，**ドームトラップ**（domal trap）とよぶ．

ドームの中でも，周囲の岩石より比重の小さな物質が，上位の岩石の割れ目に沿って上昇し，押し上げた形で形成されたものを，ダイヤピル（diapir）という．ダイヤピルにともない形成されるトラップを，**ダイヤピルトラップ**（diapiric trap）とよぶ．岩塩ダイヤピルにより形成されたトラップは，**岩塩ドームトラップ**（salt-dome trap）とよばれ，世界の多くの油田で発見されている（図 2-9）．

2)　**断層トラップ**（fault trap）

傾いている貯留岩が，断層で切られ，上端がとざされてできるトラップを，断層トラップとよぶ（図 2-10）．

しかし，石油が背斜などのトラップに集積後，そこに二次的に断層が形成されたものは，断層トラップには含めない．

3)　**背斜―断層組み合わせトラップ**（anticline―fault combination trap）

背斜と断層が組み合わさってできたトラップを，背斜―断層組み合わせトラップとよぶ（図 2-11）．

（2）　層位トラップ

貯留岩の岩相変化や不連続などの層位的要素に起因するトラップを，層位トラップ（stratigraphic trap）と

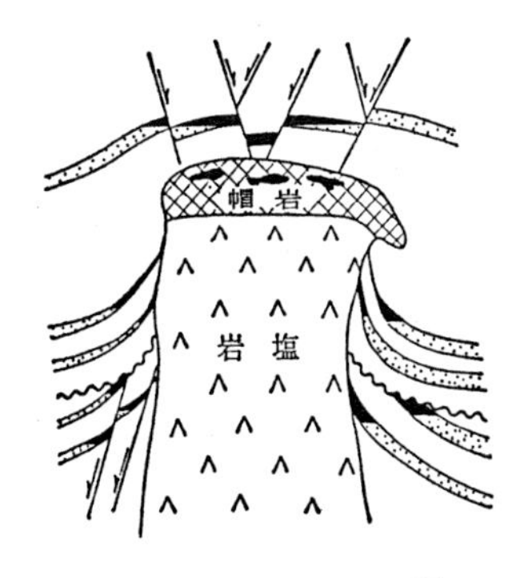

図 2-9　岩塩ドームトラップ[7]
岩塩ドームトラップには，いろいろな種類のトラップが付随するので，構造―層位組合せトラップの中に入れることもある．

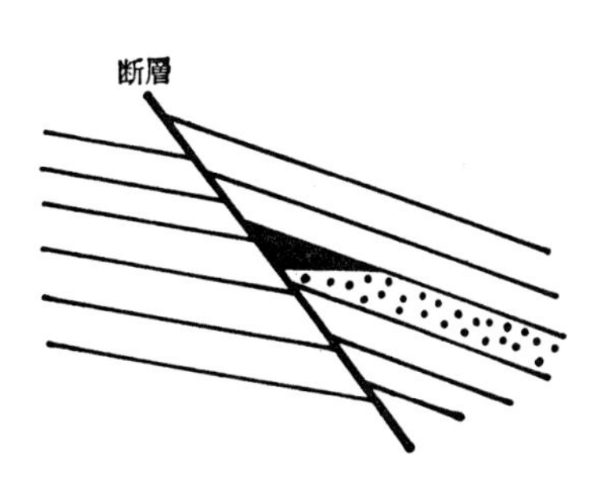

図 2-10　断層トラップ

いう．層位トラップは，その成因により，さらに以下のように細分される．

1) レンズ状砂トラップ（lenticular sand trap）

泥岩などの不浸透性の岩石中に，砂岩レンズがはさまれてできるトラップを，レンズ状砂トラップとよぶ（図2-12）．

2) 靴ひも状砂トラップ（shoestring sand trap）

レンズ状砂トラップの一種であり，砂州（sand bar）の堆積物が貯留岩となったものである．

米国カンサス州に分布するCherokee層の例を，図2-13に示す．主に頁岩から構成されているペンシルバニア系（上部石炭系）のCherokee層の中に，砂州堆積物

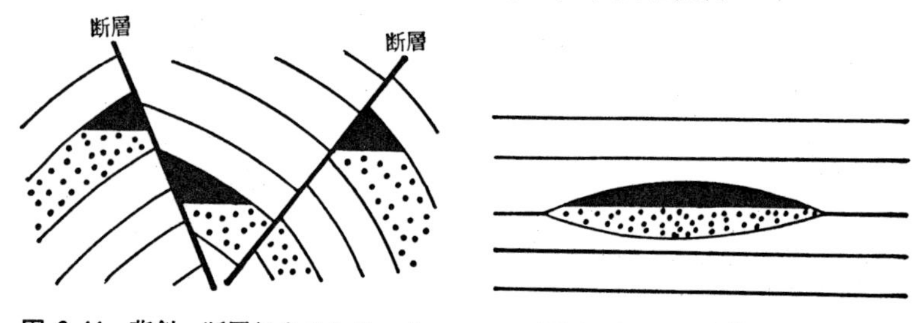

図 2-11 背斜—断層組合せトラップ

図 2-12 レンズ状砂トラップ

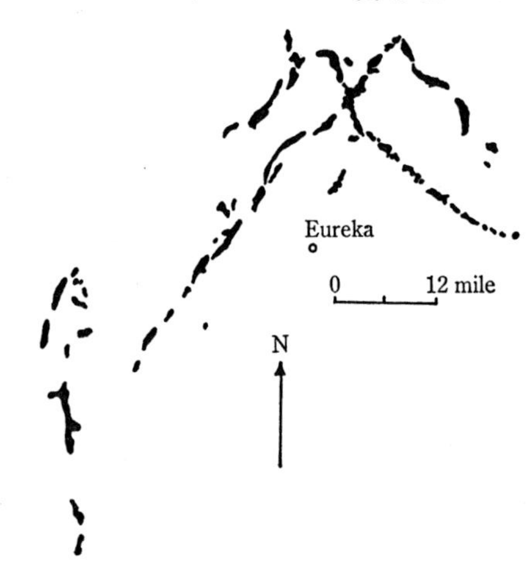

図 2-13 靴ひも状砂トラップ（文献[7]をもとに筆者が改変作図）

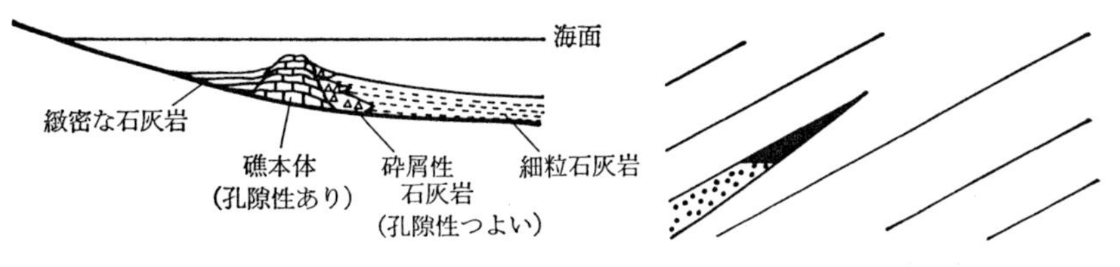

図 2-14　礁石灰岩の模式断面図（文献[8]をもとに筆者が改変作図）
砕屑性石灰岩の部分が最適な貯留岩となるが，礁本体も貯留岩となる．

図 2-15　尖滅トラップ

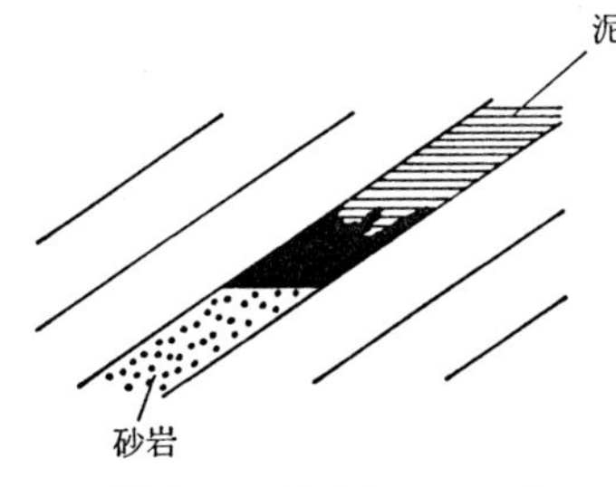

図 2-16　浸透率トラップ

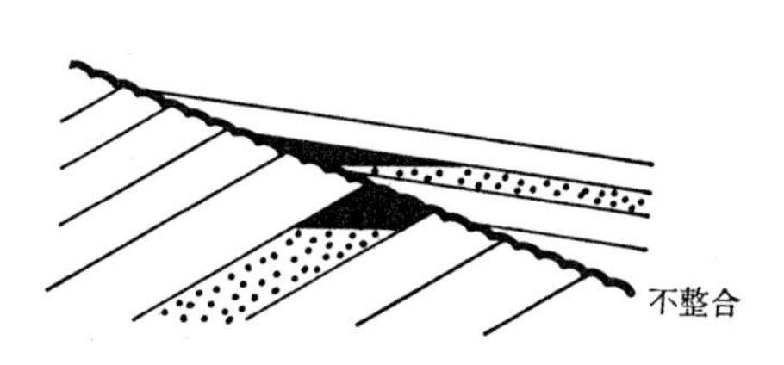

図 2-17　不整合トラップ
不整合面上のオーバーラップ不整合トラップと、不整合面下の切頭不整合トラップがある．

である砂岩レンズがはさまれている．この砂岩は，層厚が16～30 m と薄いが，延々40～72kmにもわたり分布し，油層を形成している[7]．

3)　礁トラップ（reef trap）

サンゴ礁などをつくる礁石灰岩の岩体（図 2-14）が，不浸透性の岩石におおわれて貯留岩となったものを，礁トラップとよぶ．

4)　尖滅トラップ（pinch-out trap）

傾いている貯留岩の層厚が上方へ薄化し，尖滅することにより形成されるトラップを，尖滅トラップとよぶ（図 2-15）．

5)　浸透率トラップ（permeability trap）

貯留岩である砂岩が傾斜して，さらに岩相変化をして不浸透性の泥岩へと移り変わる．この泥岩が帽岩の役割を果たしてトラップとなったものを，浸透率トラップとよぶ（図2-16）．

6） **不整合トラップ**（uncomformity trap）

不整合により形成されるトラップで，2種類ある．不整合面に切られて，不整合面の下にできるものを，切頭（せっとう）不整合トラップ（truncation uncomformity trap）とよぶ（図2-17）．不整合面の上に地層がオーバーラップして形成されるトラップを，オーバーラップ不整合トラップ（overlap uncomformity trap）とよぶ（図2-17）．

（3） 構造―層位組み合わせトラップ

構造トラップと層位トラップの各型が組み合わさった複合型トラップを，構造―層位組み合わせトラップ（structure-stratigraphy combination trap）とよぶ．実際の油田では，非常に多く認められるトラップである．

> **まとめ**
>
> 石油鉱床は，貯留岩中のトラップに形成される．貯留岩の本質は孔隙性と浸透性であり，貯留岩に適した岩石の孔隙率は10～35%，浸透率は10～2,000 md である．全世界の貯留岩の9割以上は，砂岩と炭酸塩岩で構成されている．
>
> トラップの基本は，石油をそれ以上上方へ逃がさない地質構造と帽岩である．トラップは，その地質構造により，構造トラップ・層位トラップ・構造―層位組み合わせトラップに細分される．

3章　石油の生成

石油は，貯留岩中のトラップにたくわえられていることを2章で説明した．それでは，石油は，どこで，どのような物質から，どのようにして，生成されてくるのであろうか．3章では，石油の生成について説明する．

1章で述べたように，石油は炭化水素を主とした有機化合物（有機物）の集合体である．そこで，石油の生成の謎を解くために，まず有機化合物の骨格をつくっている炭素の地球上での分布について述べる．さらに，天然での炭化水素発見の歴史，各種石油成因論を紹介し，最後に現在もっとも有力な石油成因説を説明する．

3-1　炭素の分布

有機化合物を構成する元素のうちで，もっとも重要な元素は，その骨格を形づくっている炭素（carbon）である．炭素の地球上での循環，すなわち炭素サイクル（carbon cycle）については，有名なGoldschmidt（1933）の研究を含めて，1世紀以上にわたり調べられてきた．

その結果，45億年というながい地球の歴史の中で，炭素は化合物という姿を変化させながら，循環しつづけていることが判明した（図3-1）．そして，地球上に存在する全炭素の99％以上が，岩石圏（堆積物）に含まれていることも明らかになった[14]．

Hunt は，地球上の各種堆積物（岩）に含まれる炭素の量を推定して，表3-1のような結果を示した[15]．この表からは，有機物を構成する炭素（有機炭素；organic carbon）と炭酸塩を構成する無機炭素（inorganic carbon）の比が，約1対5（＝13,000対64,000）である

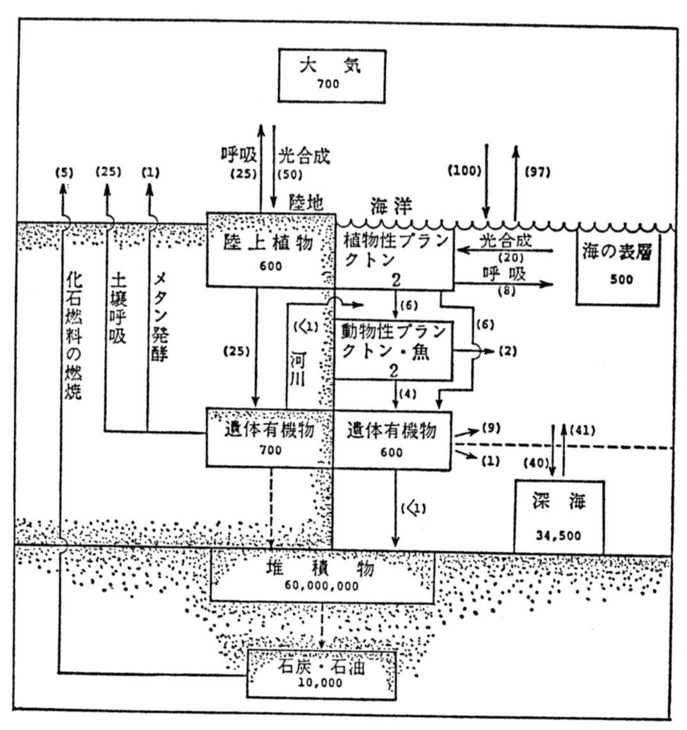

図 3-1 炭素サイクル[14)]

数値は炭素量（×10⁹トン），カッコ内の数値は循環速度（×10⁹トン/年）を示す．

表 3-1 堆積物中の炭素の分布[15)]

	有機炭素 (×10¹⁸g)	炭酸塩の炭素 (×10¹⁸g)
全堆積物	ケロジェン	
粘土・頁岩	8,900	9,300
炭酸塩岩	1,800	51,100
砂	1,300	3,900
層厚 4.6 m 以上の石炭層	15	
非貯留岩	ビチューメン	
アスファルト	275	
石 油	265	
貯留岩		
アスファルト	0.5	
石 油	1.1	
合 計	～13,000	～64,000

ことがわかる．また，貯留岩以外の岩石（非貯留岩）に含まれる石油と，貯留岩に含まれる石油の比は，240 対

1（=265対1.1）である．圧倒的な量の石油が，人類には採収できない非貯留岩中に存在していることが読み取れる．さらに，根源物質としての有機物が，石油となり，集積して石油鉱床を形成する割合は，わずか0.01%（=1.1／13,000）にすぎない．この推定値は，石油がいかに稀有な存在であるかを，よく物語っている．同様に，石炭が形成される割合も，0.1%（=15／13,000）でしかない．化石燃料の貴重さが，よく理解できる値である．

3-2　炭化水素の発見

炭素の分布からみても，石油は地殻中できわめて稀な有機物であることがわかる．そのため，石油の主要成分である液状炭化水素は，油田を除くと，現世および地質時代堆積物からは，長い間まったく発見されなかった．

ところが，1952年にSmithが，メキシコ湾ガルフコースト沖で，11,800～14,600年前の海底堆積物から，微量の液状炭化水素を初めて発見した[16]．

さらに，1956年になると，HuntとJamiesonが，カンブリア紀から第三紀までの各種堆積物から，液状炭化水素を検出するのに成功した[17]．それ以後，分析装置の発達にともない，各種年代の堆積物・陸海生の動植物・天然水・大気・火山ガスなど，地球上のあらゆる環境において，炭化水素は普遍的に存在することが認められるようになった．

また，地球外の惑星においても，大気のスペクトル分析から，メタンなどの炭化水素の存在が，確認されるようになった[18]．

一方，実験室内で，種々の有機物や無機物から炭化水素が合成できることは，すでに19世紀から知られていた．さらに，メタンの重合反応により，種々の高分子炭化水素が合成されることも証明されている．

以上のように，炭化水素は，微量ではあるが，他の惑星を含めて，自然界には普遍的に分布し，その合成も比較的容易であることが，現在では判明している．

3-3　石油成因説

炭化水素が天然で多種多様に存在しているのに合わせて，いろいろな石油成因説が提唱されてきた．しかし，これら成因説は，石油が生物起源か否かにより，無機成因説と有機成因説に大きく二分される．

a．無機成因説

石油は，非生物的な条件下で生成したという説が，無機成因説（inorganic origin of petroleum）である．主に天文学者や化学者の一部により，18世紀から主張されてきた．無機成因説は，さらに地球深部ガス説と宇宙成因説に二分される．

（1）　**地球深部ガス説**（deep-earth-gas origin）

マントルなどの地球深部において，非生物条件下で，炭素あるいは炭素化合物と水素との反応から，直接石油は生成したという説である[19]．

その根拠となった事実は，

①非生物条件下で生成されたとみられる産状の炭化水素が存在する．たとえば，花崗岩の一種であるペグマタイトに含まれる放射性鉱物にともなう炭化水素・ガラパゴス地溝や東太平洋海膨などの熱水噴出にともなう炭化水素・ダイヤモンドの流体包有物中に含まれる炭化水素．
②火山ガスの中にメタンが存在する．
③非生物的条件下で，人工的に炭化水素を合成することが可能である．
などである（詳しくは文献[20,21,22,23]を参照）．

スウェーデンでは，地球深部ガス説，とくにGoldの説[19,90]に基づき，1986年から1989年にかけて深度6,975mの坑井（Gravberg-1号井）を，花崗岩や粗粒玄武岩からなる隕石孔跡（Siljan Ring）に掘削した．合計80バーレル(bbl; 約12,700 l）の石油が回収されたが，目的とする商業規模のメタンは検出できず，探鉱は失敗した．さらにスウェーデンでは，1号井から15 km離れた地点に，1991年より2号井を掘削中であり，小量のメタンを回収しているが，詳細はまだ不明である[91]．

また，脇田[92]は，ヘリウムの同位対比の測定から，わが国のグリーンタフ地域（9-2 b参照）の深部火山岩を貯留岩とする天然ガスは，その30—40 %がマグマ起源と推定している．天然ガスの主成分であるメタンは，マグマガス中の二酸化炭素と水素が低温変質を受けて形成されたと考えている．

天然ガスは，他の化石燃料に比べてクリーンで便利性に富むことから，近年広く利用されるようになってきた．そのような状況のもと，再び地球深部ガス説にも注目が集まるようになり，上記のスウェーデン以外にスイスやカナダでも探鉱計画が実施されつつある．しかし，それらの深い坑井から商業規模の天然ガスが産出した事実は，現在までに報告されていない．

（2）　**宇宙成因説**（cosmic origin）

地球の起源と結びつけた説で，地球の創生時には，すでに石油が存在していたという説である[24]．

その根拠となった事実は，

①地球外の惑星の大気にも，メタンなどの炭化水素が存在する．

②炭素質コンドライトなどの隕石中にも，炭化水素が存在する．

③メタンの重合反応などで，非生物的に種々の高分子炭化水素が合成できる．

などである（詳しくは文献[20]を参照）．

地球上に分布する炭化水素の中には，上記のように，明らかに無機的条件下で生成された，としか考えられないものも存在する．しかし，無機成因説で説明できるのは，単に“炭化水素”の成因である．経済的に稼行できるような量の濃集した“石油”，すなわち石油鉱床の成因までを無機成因説だけで説明することは，困難である．

また，無機成因説は，多くの仮定の上に立つ推定値——たとえば，マントルの石油様化合物の含有量やその拡散速度——を基礎にして，成因説が組み立てられている．直接的な分析値や地学的証拠がない点で，無機成因説は，現在説得力に欠ける．

b．有機成因説

経済的に見合う量の石油は，一度は生物体を構成した炭素と水素から形成されたとする説が，有機成因説（organic origin of petroleum）である．16世紀初頭から主張されてきたが，18世紀に入り支持者を増し，20世紀なかばで主流となった．現在，石油探鉱に携わっている人たちの圧倒的多数は，有機成因説に立脚して，仕事を進めている．

有機成因説の根拠となった事実は，次のようなものである．

①石油鉱床の99％以上は，堆積岩中から発見される．火成岩や変成岩中に石油が発見される場合でも，それに隣接して堆積岩が分布し，そこから石油は移動したと推定される．

②石油中に，生物指標（biological marker または biomarker）とよばれる，生物によってのみ合成可能な化合物が，数多く認められる（図3-2）．

③石油中に，ポーフィリン（porphyrin；図3-3）が含まれている．クロロフィル（葉緑素）などに由来する生物指標であるポーフィリンは，無機成因説で考えているような高温（一般に200℃以上）では，分解してしまう．

④石油には，生物体に特有の旋光性（optical activity）と蛍光性（fluorescence）がある．これらは，光に対する，石油の物理的特徴であるが，まだ不明な点が多い．ただ，旋光性は，石油中に存在するコレステロール

イソプレノイド

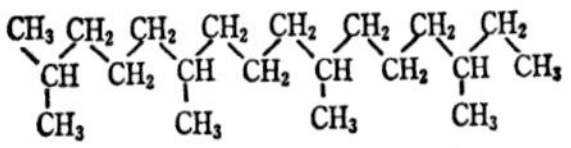

2,6,10,14-テトラメチルヘキサデカン（フィタン，$C_{20}H_{42}$）

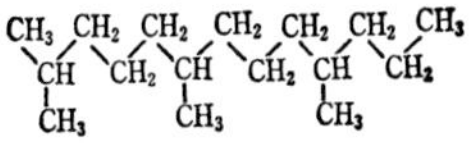

2,6,10-トリメチルトリデカン（$C_{16}H_{34}$）

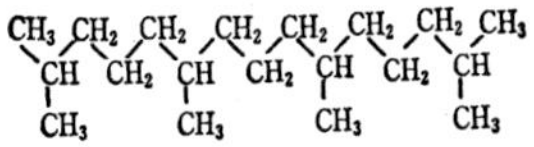

2,6,10,14-テトラメチルペンタデカン（プリスタン，$C_{19}H_{40}$）

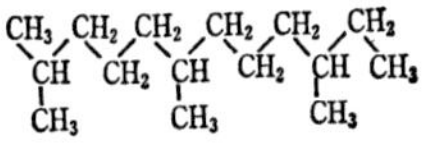

2,6,10-トリメチルドデカン（$C_{15}H_{32}$）

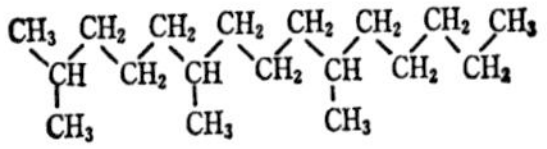

2,6,10-トリメチルペンタデカン（$C_{18}H_{38}$）

ステロイド

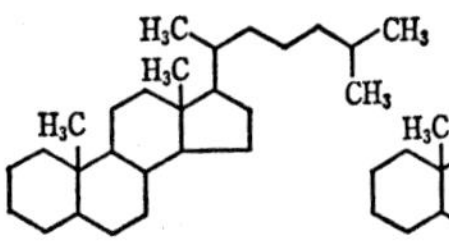

C_{27} コレスタン 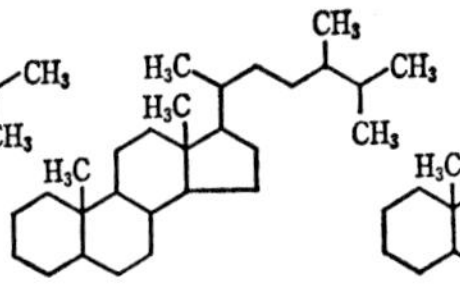　C_{28} エルゴスタン 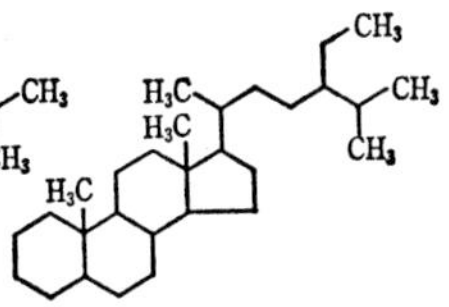　C_{29} シトスタン

トリテルパン

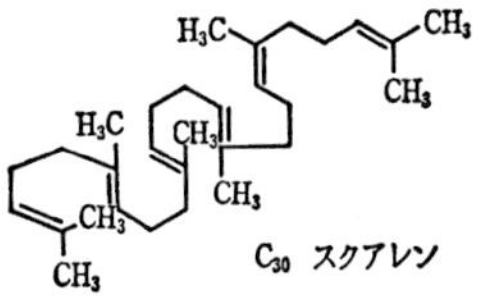

C_{30} スクアレン

図 3-2　原油中に認められる生物指標の例

(cholesterol；$C_{27}H_{46}O$）の光学活性により起こると推定されている．

石油炭化水素が，続成作用のどの段階で生成されるかにより有機成因説は，さらに生物炭化水素直接起源説，続成作用初期成因説，続成作用後期成因説に三分される[20]．

（1）**生物炭化水素直接起源説**（direct genesis by organisms または syngenetic theory）

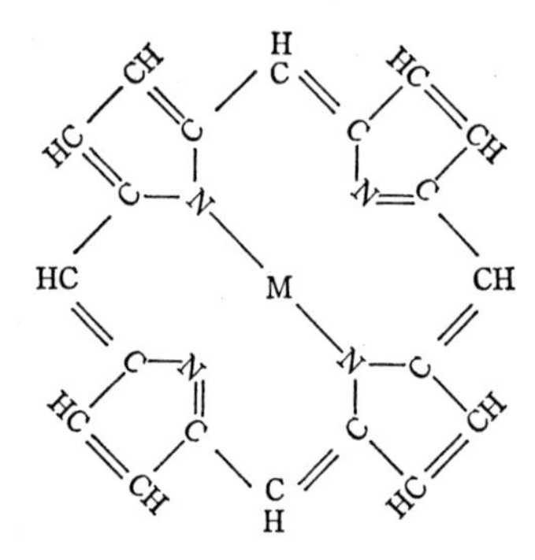

図 3-3 ポーフィリンの基本構造
まん中のMには Ni か VO が入る.

Smith[16]により，現世堆積物から液状炭化水素が発見されたのを契機として，発展した説である．生物が体内で合成した炭化水素が，そのまま直接石油になるという．したがって，堆積物と一緒になる以前に石油は生成されており，堆積・埋没以後は，分別作用や濃縮作用だけを受けて，石油鉱床は形成されたと考える．

この説の特徴は，他の有機成因説と異なり，石油根源岩（source rock）とか石油母岩（mother rock）とよばれる，石油を生み出す岩石を認めないことにある．

しかし，次のような事実から，この説の支持者は，現在きわめて少なくなった．

①石油中には，生物体内で直接合成できない炭化水素（たとえば，図3-4のアダマンタンとネオペンタン）が存在する．

②石油の移動・集積機構を，この説では，十分に説明できない（4-1参照）．

（2） 続成作用初期成因説 (shallow origin または epigenetic theory)

堆積物が沈着後，完全に固結する以前に，堆積物中の有機物は，分解・転化して“プロトペトロリュウム (protopetroleum)”という中間物質を形成する．プロトペトロリュウムは親水性のため，水に運搬されて，貯

アダマンタン ($C_{10}H_{16}$)

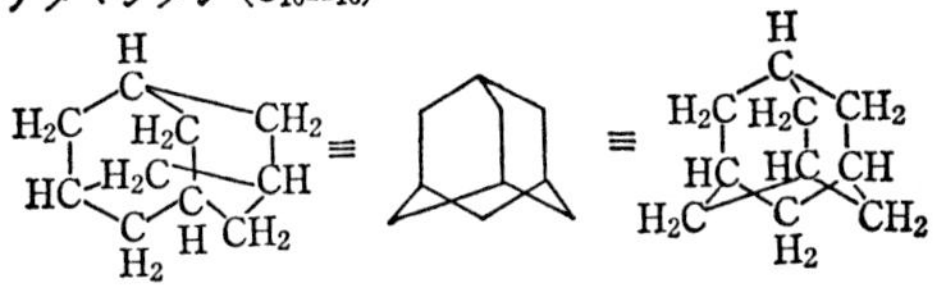

ネオペンタン (2,2-ジメチルプロパン)

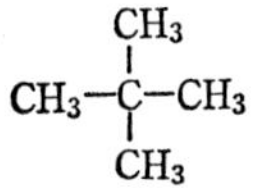

$$
\begin{array}{c}
CH_3 \\
| \\
CH_3-C-CH_3 \\
| \\
CH_3
\end{array}
$$

図 3-4　アダマンタンとネオペンタン

留岩中に移動する．そこでプロトペトロリュウムは，貯留岩とともに続成作用を受け，真の石油へと変化する．このように考える説が，続成作用初期成因説である．

プロトペトロリュウムの正体は，現在まだ不明で，オレフィン系炭化水素に富む液体とか，アスファルトに近いものとか推定されている[25]．

この説は，石油の移動・集積機構も考慮した成因論であるので，一時期は多くの信奉者を集めた．

しかし，次のような事実が判明して，現在では石油鉱床形成への貢献度は低いと考えられている．

①プロトペトロリュウムが，実際にまだ発見されていない．

②続成作用初期に形成される炭化水素は，高分子成分が卓越し，一般の石油の化学的特徴と異なる（図 3-8参照）．

③続成作用後期成因説に比較して，発生する炭化水素の量が少ない．

最近になり，原油の詳細な化学分析により「未熟成原油（immature oil）」，すなわち続成作用を十分に受けていない原油，が発見されるようになった[93]．このような事実に基づき，プロトペトロリュウムを経由しない，新しい「続成作用初期成因説」が提案されている[94]．それによれば，炭酸塩堆積物や珪質堆積物中では，続成作用の早期段階で，生物遺体中の有機物から未熟成石油が直接形成され，さらに早期に形成された蒸発岩等を帽岩とするトラップに集積するという．しかし，このような考え方をとる研究者も，一般の泥質堆積物中では，次項で述べる続成作用後期成因説を支持している．

(3) 続成作用後期成因説 (deeper burial origin または postlithification oil theory)

この説は，ケロジェン根源説 (kerogen origin theory) ともよばれる．その概略を，図3-5にしたがい説明すると，以下のようになる．

生物体を構成しているリグニン・炭水化物・タンパク質・脂質などの高分子有機化合物は，その生物の死後運搬されて，海底や湖底へ沈積する．そこで，微生物による分解や加水分解などを受けて，糖・アミノ酸・脂肪酸・アルコールなどの単量体 (monomer) になる．その後，これら単量体は逆に重縮合するようになり，高分

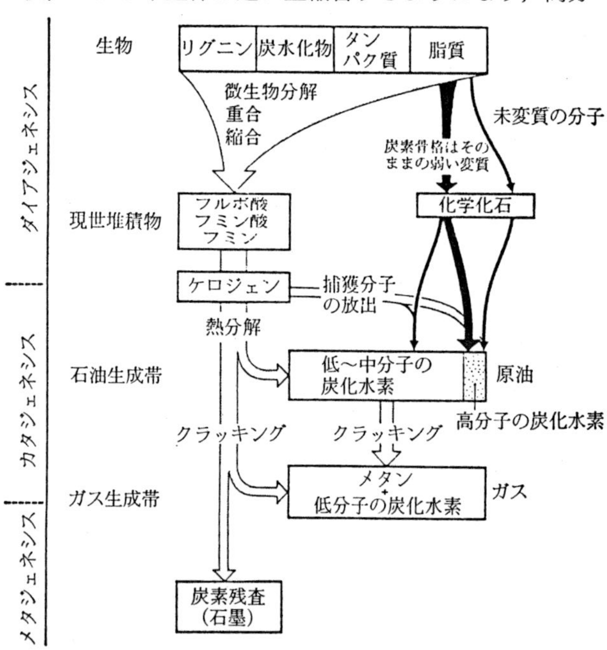

図 3-5 続成作用にともなう有機物の変化[6]

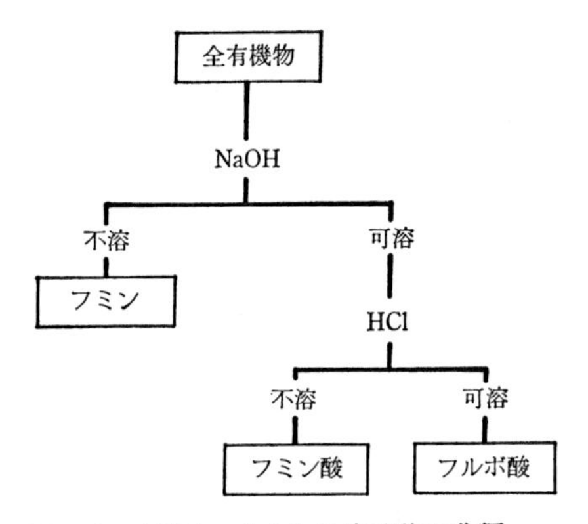

図 3-6　土壌中に含まれる有機物の分類

子有機化合物が形成される．土壌（soil）中にみられるフルボ酸（fulvic acid）・フミン酸（humic acid）・フミン（humin）がこれである（図3-6）．これら有機物は堆積物中で，さらに重縮合・環化・脱アミノ・脱炭酸・還元などの作用を受けて，より複雑な構造の高分子化合物へと変化する．こうして形成されたのがケロジェン（kerogen）である．ここまでの過程が続成作用初期にあたり，狭義の続成作用すなわちダイアジェネシス（diagenesis）の段階である．

埋没がさらに一層進み，カタジェネシス（catagenesis）とよばれる続成作用後期の段階にはいると，堆積物の温度は上昇し，ケロジェンは逆に熱分解を受けるようになる．その結果，H_2O や CO_2 とともに，大量の液状炭化水素が，ケロジェンから急速に発生する．埋没深度がより増大すると，熱分解はさらに進み，ケロジェンから発生した炭化水素が，再び熱分解（クラッキング；cracking）されるなどして，湿性ガス（wet gas）* やコンデンセート（condensate）** が生成される．

さらに埋没が進み，続成作用末期のメタジェネシス（metagenesis）の段階にはいると，熱分解によりケロ

* 1,000ft³（約28.3m³）のガスに含まれる液体成分が0.1ガロン（約0.45 *l*）以上の天然ガス．

ジェンの炭化（carbonization）はさらに進行し，最終的には，炭素100%の石墨（graphite）へと移り変わる．一方，ケロジェンから発生した炭化水素ガスも，再度熱分解が繰り返され，乾性ガス（dry gas）*** に，さらには最終的にメタンガスになってしまう．

このような続成作用の進行にともなう有機物の変化を，有機熟成作用（organic maturation）とよんでいる．有機熟成作用によりケロジェンから発生した炭化水素で石油鉱床は形成されるというのが，続成作用後期成因説である．

この説の特徴は，次のような点にある．

①有機物の石油への転化は，石油根源岩の段階を必要として，続成作用後期の石化（lithification）の途中で起こる．

②他の有機成因説では，石油になれなかった残留有機物と考えられていたケロジェンを，石油の根源物質とした．

③石油の生成に，温度が重要な役割を果たす．

続成作用後期成因説は，石油成因説の本流と目されており，現在では，石油探鉱に関連する研究者の圧倒的多数の人びとが強く支持している．

なお，未熟成原油の発見等から，石油のケロジェン根源説を採りながらも，一部の石油の生成の時期を続成作用後期より前の段階と考える説も提唱されている[94]．S—CやS—Sの結合は，C—Cの結合に比較して，熱に弱くクラッキングされやすい．そのため，硫黄を多く含むケロジェンでは，一般のケロジェンに比べて熱分解を受けやすく，石油の生成もより早い段階で起こるというものである．

3-4　続成作用後期成因説の根拠となる事実

坑井（井戸）の掘削技術の進歩や，ガスクロマトグラ

** 地中では気体であるが，地表の温度・圧力条件下では液体になる炭化水素．

*** 1,000ft³ のガスに含まれる液体成分が 0.1ガロン以下の天然ガス．

フィ一質量分析装置などの分析機器の発達には，目を見張るものがある．そのような技術を利用して，現在では，海洋底を含む世界各地から，地中における各種有機物の分布様式が判明してきた．また，実験室内での有機熟成作用のシミュレーション実験も，盛んにおこなわれるようになってきた．

判明してきた事実の中には，続成作用後期成因説を強く支持するものが多い．それらを以下に列挙する．

①埋没深度の増大にともない，地下温度が上昇する．その結果，堆積物中の炭化水素濃度は，ある深度から急激に増大し，さらに深部では，急激に減少する[26,27,28]（図3-7）．

この事実は，カタジェネシス段階でのケロジェンからの炭化水素の急激な発生と，メタジェネシス段階での発生した炭化水素のさらなる熱分解と，それにひき続く散逸を示唆する．

②堆積物中に含まれる炭化水素の組成は，埋没深度の増大とともに，原油の組成に近づく．

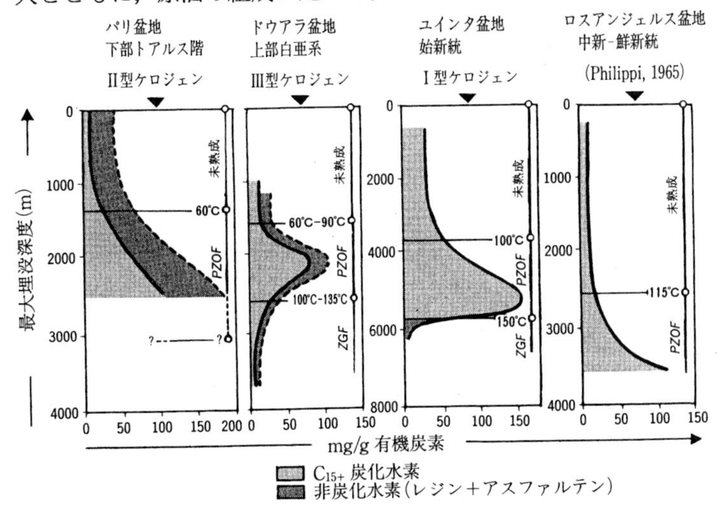

図 3-7　埋没深度の増大にともなう炭化水素類の生成[6]

ノルマルアルカン（n-アルカン）の組成をみると，図3-8のように，原油中では，炭素数が奇数と偶数の分子が，ほぼ等量含まれている．これに対し，現世堆積物中では，奇数炭素数の分子が，偶数炭素数の分子の数倍も多く含まれている．地質時代の堆積物では，その中間的な性質を示している．

この事実は，i）現生生物，とくに植物のワックス（wax；ろう）成分などに含まれるn-アルカンでは，C_{25}，C_{27}，C_{29}，C_{31} などの奇数炭素数分子が，偶数炭素数分子の10倍以上の量を示すこと．ただし，海生動物の一部からは，奇数炭素数分子の優位性がほとんどないn-アルカンも発見されている[15]．ii）ケロジェンの熱分解で発生する炭化水素には，奇数炭素数分子の優位性はなく，奇数対偶数分子の比はほぼ1であること．iii）植物起源等のn-アルカンが，続成作用の進行にともない，大量のケロジェン起源のn-アルカンにより希釈されていくこと，により無理なく説明できる．

このような性質を定量的に示すため，n-アルカンにおける奇数炭素数分子対偶数炭素数分子の量比を測定し

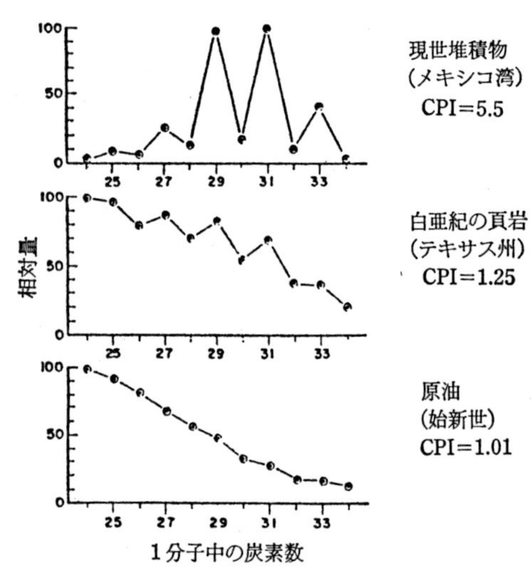

図 3-8　原油と堆積物に含まれるn-アルカンの分布[29]

て，この値を**CPI 値**（Carbon Preference Index）と名づけた[29]．CPI 値は次式で示される．

$$\text{CPI 値}=\frac{1}{2}\left(\frac{C_{25}+C_{27}+C_{29}+C_{31}+C_{33}}{C_{24}+C_{26}+C_{28}+C_{30}+C_{32}}+\frac{C_{25}+C_{27}+C_{29}+C_{31}+C_{33}}{C_{26}+C_{28}+C_{30}+C_{32}+C_{34}}\right)$$

ここで，C_n は炭素数が n 個の n-アルカンの量を示す．

原油の CPI 値は 1.0 前後であるが，現世堆積物中での値は2.5～5.0を示す．地質時代の堆積物では，その中間的な値を示すことが明瞭である（図 3-9）．

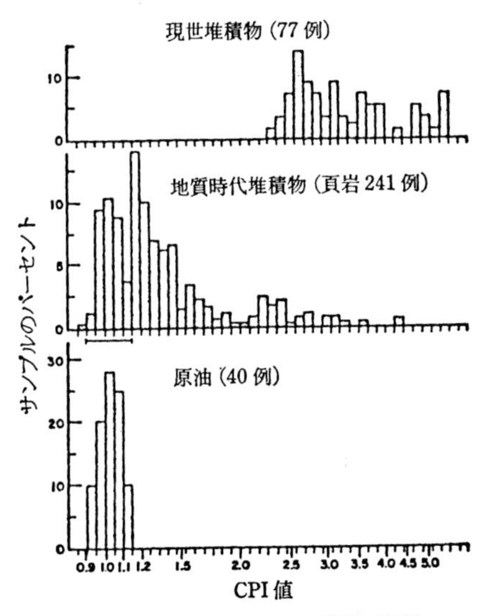

図 3-9　原油と堆積物の CPI 値[29]

n-アルカン以外にも，ナフテン系および芳香族炭化水素では，埋没深度の増大にともない，環数の減少や低分子化が認められている（図 3-10）．

③埋没深度の増大にともない，ケロジェンが減少し，それにつれて炭化水素などが，逆に増加する（図 3-11）．

この事実は，1971年に Tissot ほかの人たちにより，パリ盆地のジュラ系下部トアルス階の頁岩中で発見された[31]．最大埋没深度の増大にともない，1,000m 付近からケロジェンが熱分解され減少する．それにより，炭化水素やレジン(resin)*＋アスファルテン(asphaltene)*の石油成分が，逆に増加することを示している．

この論文は，石油がケロジェンの分解により生成されることを，直接示したものであり，この論文の公表により，続成作用後期成因説は不動のものとなった．

④ケロジェンの室内加熱実験により，多量の炭化水素が発生する[32]．

実験室内で，各種有機物からケロジェンを合成したり，天然のケロジェンを人工的に加熱して，熟成作用を室内で再現させる研究が盛んにおこなわれている．とくに，糖とアミノ酸を反応させてつくるメラノイジン (melanoidin)

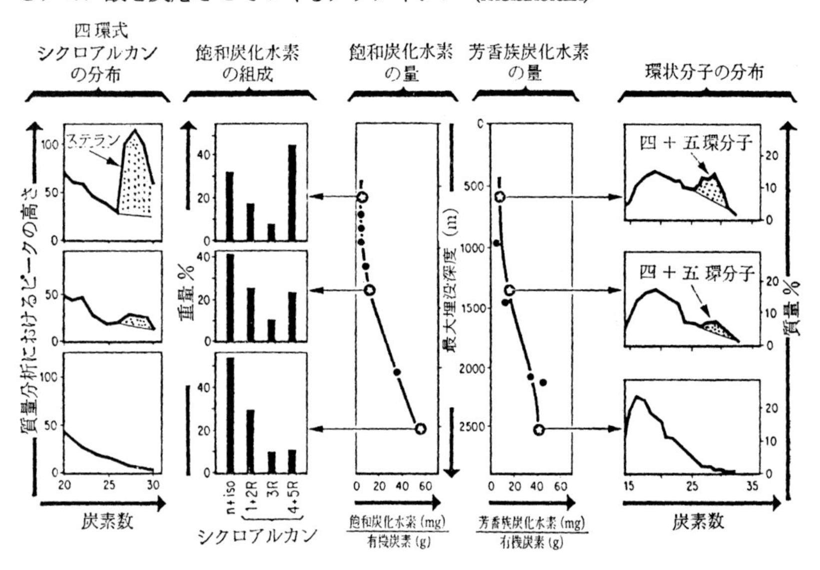

図 3-10 埋没深度の増大にともなう環状炭化水素の組成変化――パリ盆地下部トアルス階頁岩の例――[6]

は，ケロジェンの前駆物質として，よく研究されている．このような実験の結果，加熱により多量の炭化水素が，ケロジェンから発生することが実証された．

* 原油中のアスファルト成分（表1-1参照）のうち，n-ペンタンまたはn-ヘキサンに可溶なものをレジンまたは樹脂とよび，不溶のものをアスファルテンとよぶ．

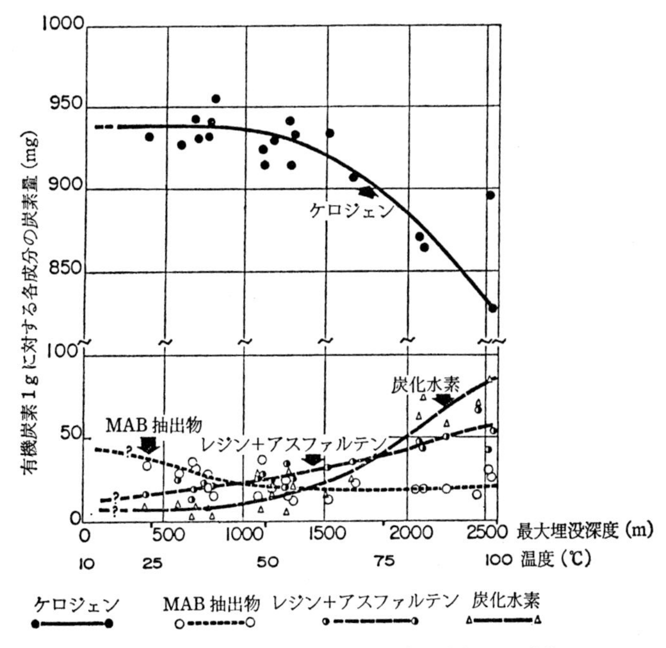

図 3-11　埋没深度の増大にともなう有機物組成の変化——パリ盆地下部トアルス階頁岩の例——[31]

以上のような野外での観察や実験のあと押しを受けて，続成作用後期成因説は，ますます強い支持を集めるようになっている．

しかし，続成作用後期成因説だけが正しい“石油炭化水素”の成因説と考えることは，正しくない．すなわち，3-3の無機成因説のところでも述べたが，ほかの成因説によっても，“炭化水素”が生成されることは，間違いないであろう．けれども，“石油鉱床”の成因説を考える場合には，どの説に基づいて形成された“炭化水素”が“石油鉱床”の形成にもっとも強く貢献しているかを，判断しなければならない．その意味で，続成作用後期成因説が，“石油鉱床”形成の最有力成因説となるのである．

3-5　石油根源岩

続成作用後期成因説に基づけば，石油鉱床形成のためには，石油を生みだすケロジェンと，それを含む石油根源岩が必要である．

石油根源岩の第一条件は，当然ケロジェンの含有量が高いことである．ところが，堆積岩に含まれる全有機物の 80 %以上は，ケロジェンであるので，ケロジェン含有量の高い岩石とは，全有機物含有量の高い岩石ということになる．

貯留岩を除く各種堆積岩に含まれる平均有機物量の測定値を，表 3-2に示す．研究者により，数値はそれぞれ異なるが，他の岩石に比較して，泥岩（頁岩・シルト岩を含む）の全有機物量が高いことは明白である．全有機物量の測定がなされていない場合にも，有機炭素量の約 1.22 倍が全有機物量に相当するといわれている[36]ので，泥岩の有機物含有量が高いことは間違いない．

そこで，石油根源岩とは，すなわち泥岩であると，古くから信じられてきた．ところが，続成作用初期成因説

表 3-2　非貯留岩の各種堆積岩に含まれる平均有機物量

岩石名	全有機物量 (%)	有機炭素量 (%)	ビチューメン量 (ppm)	炭化水素量 (ppm)	文献番号
頁岩	2.1	1.65	900	300	33
炭酸塩岩	0.29	0.18	740	340	
頁岩	1.14			96	34
石灰岩	0.24			98	
粘土		0.9		180	35
シルト		0.45		90	
砂岩		0.2		40	
炭酸塩岩		0.2		100	
頁岩・シルト		2.16	1740	930	6
石灰質頁岩		1.90	2480	1260	
炭酸塩岩		0.67	775	335	

を支持する立場から，炭酸塩岩も石油根源岩になりうるという考えが，一部の研究者から提唱されている[37]．その理由は，炭酸塩岩（石灰岩）では，泥岩に比較して，全有機物量は少ないが，ビチューメン* 量や炭化水素量が，相対的に多いという特徴（表3-2の文献[33,34]に顕著）に基づいている．

しかし，炭酸塩岩では，全有機物量同様に，ビチューメン量も炭化水素量も少ない，という逆の測定結果（表3-2の文献[6]）も公表されている．また，「炭酸塩岩根源岩」とした時の「炭酸塩岩」に，粘土質成分を50％以上も含む泥灰岩（marl）までも加えた議論もある[95]．

非貯留岩の炭酸塩岩に含まれている有機物については，まだ十分に研究されていない．そのためもあり，純粋な炭酸塩岩からの石油の生成には，疑問を抱く研究者が多い．

現時点では，石油根源岩は泥岩である，とする考え方が大勢である．

以上のように，石油根源岩の第一の条件は，有機物含有量であった．次の条件としては，石油を生みだすケロジェンの質と，受けた続成作用の程度が問題になる．これらについては，項を改めて，次に述べる．

3-6　ケロジェン

有機物（ケロジェン）を大量に含む岩石であっても，その有機物の質が石油生成に適さないものであっては，その岩石は石油根源岩となりえない．また，有機物の量も質も適当なものであっても，受けた続成作用すなわち有機熟成作用が未熟であったり，過度であったりすると，石油根源岩の能力は低下してしまう．

この項では，石油根源岩の第二・第三の条件である，ケロジェンの種類（質）と，ケロジェンの有機熟成変化

---

* 堆積岩（物）中の有機物のうち，常温・常圧で有機溶媒に可溶なものを総称してビチューメン（bitumen）とよぶ．炭化水素などの石油分は，ビチューメンに属す．

について説明する.

a. ケロジェンの種類

元来ケロジェンとは，スコットランドのオイルシェールに含まれる有機物に対して，与えられた名称であった. 有機溶媒に不溶な固体であるが，乾溜* により，石油様の油を生じるものを，ケロジェンとよんでいた[38].

ところが，近年になり，意味内容が拡大され，現在では“堆積岩または堆積物中に存在し，常温・常圧下で有機溶媒に不溶な有機物”一般を総称して，ケロジェンとよんでいる[38,39,40]. ケロジェン以外の可溶性の有機物は，3-5で述べたように，ビチューメンと総称されている.

ケロジェンの元素組成は，表3-3のような範囲を示し，主要構成元素は炭素・水素・酸素である.

Forsman と Hunt は，重量％によるCHOの三角ダイヤグラム上に，米国各地の各種堆積岩から分離したケロジェンの値をプロットとし，主に水素含有量の差から，石炭型（coal type）と油頁岩型（oil-shale type）に分類した[36].

Tissot ほかの人たちは，縦軸に水素対炭素（H/C），横軸に酸素対炭素（O/C）の原子比を，それぞれとったグラフ（後に，“Van Krevelen ダイヤグラム”と命名）をつくり，そこに世界各地から採集したケロジェンの元素分析値をプロットした[41]（図3-12). その結果，ケロ

表 3-3　ケロジェンの元素組成[6]

元素名	原子数
炭素	1,000（基準）
水素	500～1,800
酸素	25～300
窒素	10～35
硫黄	5～30

* 乾溜（dry distillation）とは，空気を供給しないで，固体有機化合物を加熱・分解すること.

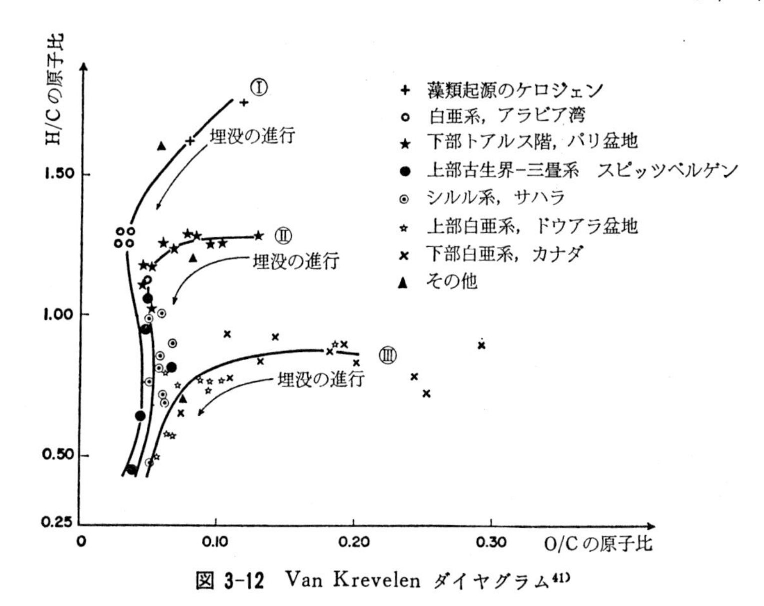

図 3-12　Van Krevelen ダイヤグラム[41]

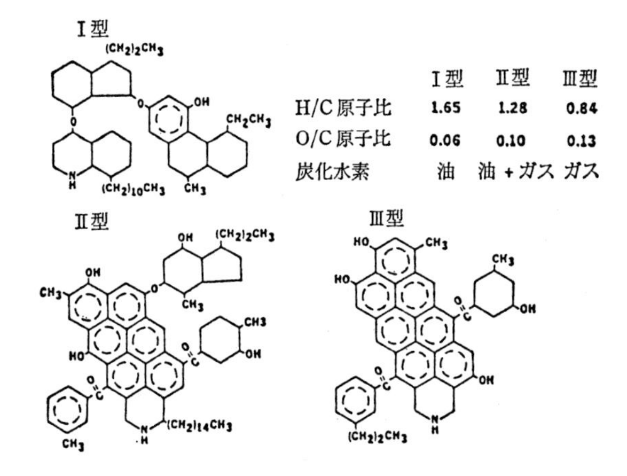

図 3-13　各型のケロジェンのモデル[42]

ジェンは，Ⅰ・Ⅱ・Ⅲ型の3種類に分類できることが，判明した．

Ⅰ型ケロジェンとは，図3-12の経路Ⅰ付近の元素組成を示すものである．初生的には，相対的に高いH/C

比と低いO/C比をもつ．この型のケロジェンは，脂肪族鎖に富み，芳香族核やN・S・Oなどのヘテロ原子(heteroatom)に乏しい（図3-13)．I型ケロジェンは，主に藻類や生物分解（biodegradation）を激しく受けた有機物に由来する．続成作用下で切断されて炭化水素となる脂肪族鎖をたくさん含んでいるので，石油の生成能力はきわめて高い．中東地域の巨大油田を形成した根源岩中のケロジェンは，大部分この型に属す．

III型ケロジェンは，図3-12の経路III付近の元素組成を示すものである．I型ケロジェンとは反対に，初生的には，低いH/Cと高いO/C比をもつ．この型のケロジェンは，多環芳香族環やヘテロ原子に富み，あまり脂肪族鎖を含まない（図3-13)．III型ケロジェンは，主に陸上植物に由来する．ケロジェンの3つの型の中では，もっとも石油生成能力が低い．しかし，有機熟成作用がかなり進むと，大量のガス状炭化水素を生成する．Van Krevelenダイヤグラム上に，石炭の元素組成値をプロットすると，大部分は経路IIIと重なる．そこで，経路IIIは“石炭バンド（coal band)”とよばれることもある．

II型ケロジェンは，I型とIII型の中間型である（図3-12，13)．この型のケロジェンは，還元環境下に堆積した，植物プランクトン・動物プランクトン・バクテリアなどの混合物に由来するのが一般的である．還元環境に堆積するため，硫黄の含有量が高いことがある[6]．日本の油田をはじめとして多くの油田の石油根源岩やオイルシェールに含まれているケロジェンは，II型に属すものが多い．

3-3で前述したように，同じ型であっても，硫黄を多量に含むケロジェンは，より低温で熱分解を受けやすく，続成作用のより早期に石油を生成する．そこで，硫黄含有量が6重量%以上のケロジェンには，II-S型のように，型の名称に「-S」をつけようという提案もある[96]．

一方，堆積岩から分離したケロジェンを生物顕微鏡下で観察し，その形態や組織から3つに分類することも提案された[76]．陸上植物の木質部に由来する石炭質一木質ケロジェン（coaly and woody kerogen），植物の木質部以外の器官や，胞子，花粉，樹脂等に由来する草本質ケロジェン（herbaceous kerogen），組織構造をもたない微細な有機物やその集合体である不定形質または無定形質ケロジェン（amorphous kerogen）である．石油の生成能力は，不定形質ケロジェンが一番高く，石炭質一木質ケロジェンが一番低い[56]．

b．ケロジェンの有機熟成作用

ケロジェンの有機熟成作用をVan Krevelenダイヤグラム上でみると，どの型のケロジェンも，各経路を原点に向かい移動する（図3-14）．すなわち，炭素含有量が相対的に増加する方向へと動いてゆく．

これをより細かくみれば，初期のダイアジェネシスの段階では，酸素含有量が主に減少する．引き続くカタジェネシス・メタジェネシスの段階では，水素含有量が主に減少する．

有機熟成作用を，化学構造の面から，赤外吸収スペクトルでみると，ダイアジェネシスの段階では，C＝O結

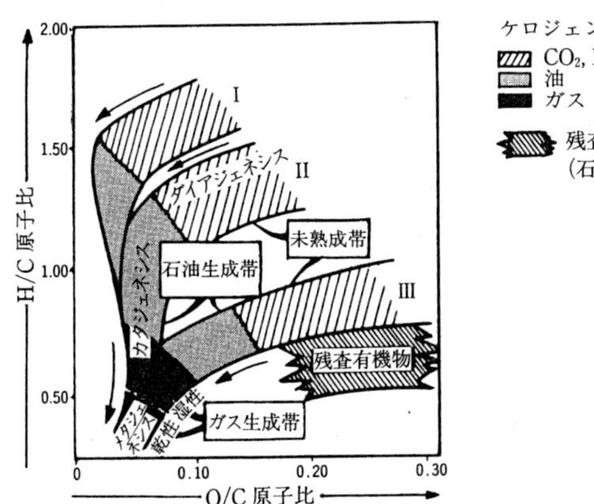

図3-14　Van Krevelenダイヤグラム上でのケロジェンの有機熟成作用[6]

合が徐々に減少する（図 3-15）．続いてカタジェネシスの段階に入ると，脂肪族結合の減少と芳香族結合の増加が認められる．最後にメタジェネシスの段階では，芳香族結合のみが明瞭となり，ほかの結合は著しく減少する．

以上の元素組成と化学構造の変化を参考として，ケロジェンの有機熟成作用の全体像を描いてみると，次のようになる．

ダイアジェネシスの段階では，ケロジェン中のヘテロ原子の結合や官能基が，切断・除去される．その結果，CO_2 や H_2O および N・S・O などを含む化合物が形成され，ケロジェンから放出される．次にカタジェネシスの段階に入ると，炭化水素の鎖や環がケロジェンから切断・除去される．はじめに長鎖状炭化水素からなる油が，

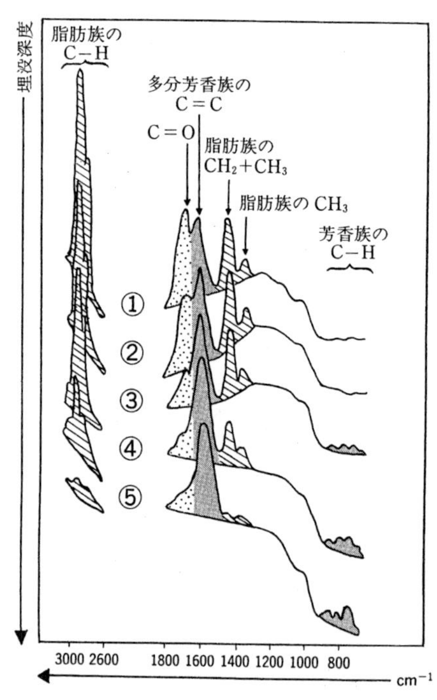

図 3-15　赤外吸収スペクトルにみるケロジェン（Ⅱ型）の有機熟成作用[6]

それから分子量が徐々に小さくなり，炭化水素ガスが，ケロジェンから連続的に生成される．これが，石油炭化水素生成の主要段階である．やがてメタジェネシスの段階まで到達すると，ケロジェン中の芳香族シートの再配列が起こる（図3-16）．芳香族はより大きな群（cluster）を形成するようになり，この群の中で，芳香族シートは平行に並びはじめる．この段階では，すでに長い脂肪族鎖はケロジェン中に存在しない．また，ケロジェンから生成した炭化水素も再び切断・分解されてしまう．その結果，メタジェネシスの段階では，メタンを主にした乾性ガスのみが形成されることになる．さらに有機熟成作用が進めば，六炭素環が連なって層状構造をつくる石墨へと，ケロジェンは近づいてゆく．

このようなケロジェンの有機熟成作用は，それを含む堆積岩の続成作用とともに進行する不可逆的な一次反応である[43]．また，火成岩の貫入による接触変成作用（contact metamorphism）を受けても，同様の有機熟成作用は進行する[44]．そのため，有機熟成作用の主要因子は，温度と時間といわれている[42,43,45,46]．

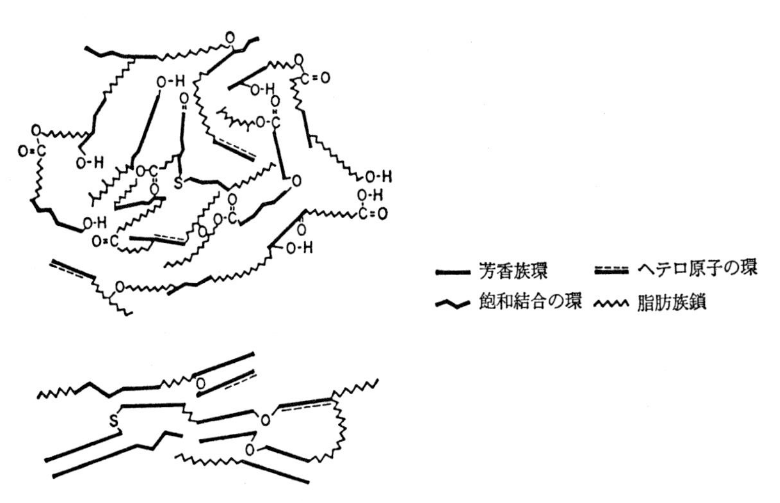

図 3-16　未成熟（上図）と成熟（下図）したケロジェンの化学構造モデル[6]

圧力に関しては，野外での石炭層の調査や室内実験から，有機熟成作用に影響を与えないとされてきた[47,48]．近年，隕石落下により，隕石と衝突した堆積岩中に，石油が生成されたという報告があった[49]．しかし，これも衝突の圧力により，石油が生成されたのではないらしい．衝突エネルギーの半分以上が熱に変化し，その熱により一瞬にしてケロジェンから石油炭化水素が生成・排出されたという．ところが，1992年には，II-S型ケロジェンを含む未処理の頁岩を，0～965バール(bar)の圧力下で水とともに加熱し，炭化水素の発生量やケロジェンの有機熟成度を測定すると，圧力の増大はすべての反応を遅らせる効果をもつという実験結果も公表された[97]．有機熟成作用に対する圧力の影響は，十分解明されていない現状である．

有機熟成作用に対する粘土鉱物（clay mineral）の触媒効果については，多くの研究者により，室内加熱実験で証明されている．しかし，実際の天然状態では，環境がきわめて複雑なために，不明な点も多く，粘土鉱物の触媒効果については，まだよく理解されていない[6,43]．

その他，ケロジェン自身の有機熟成作用に対する触媒効果を指摘する研究もあるが，詳細は不明である[43]．

まとめ

石油の主成分である炭化水素は，他の惑星を含め自然界には普遍的に存在する．また，その合成も容易である．しかし，炭化水素が石油鉱床を形成する確率は，きわめて低い．

炭化水素の形成は，無機成因説も含め，いろいろな成因説で説明できる．しかし，石油鉱床の成因としては，有機成因説，中でも続成作用後期成因説が最有力である．

石油根源岩の条件は，含まれる有機物，とくにケロジェンの量・質（種類）・熟成度である．

4章　石油の移動

これまでの内容で，石油は根源岩内で生成された後，貯留岩中のトラップに集積して，石油鉱床を形成することが，理解できたと思う．当然，石油が生成された場所と，鉱床が形成された場所は異なるので，石油鉱床形成のためには，石油の移動（migration）が必要となる．

根源岩から貯留岩への石油の移動を，第一次移動（primary migration），それに引き続く貯留岩中でのトラップまでの移動を，第二次移動（secondary migration）とよぶ（図4-1）．

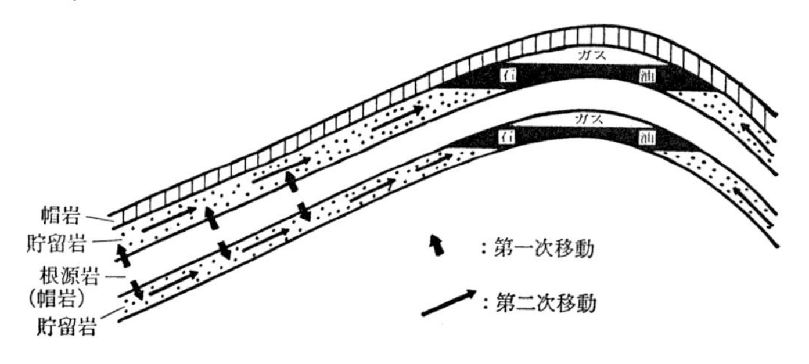

図 4-1　石油の第一次移動と第二次移動

4章では，第一次移動と第二次移動について説明する．

4-1　第一次移動

a．移動の時期

石油の移動媒体としては，昔から一般的に水を考えてきた．また，石油根源岩から貯留岩までの第一次移動は，石油生成の時期と密接に関連している．

このような立場から，河井は，表4-1に示すような，移動時期の異なる3つの第一次移動説を提唱した[50,51]．

表 4-1　石油の移動説と成因説[51]

成因説	移動説	泥岩の孔隙率
	続成作用初期移動説	70% ↓
続成作用初期成因説	続成作用前期移動説	30% ↓
続成作用後期成因説	続成作用後期移動説	10% ↓ 0%

石油成因説と移動説の対応は，厳密には困難であるが，生成・移動の時期から考えて対応している．

以下に，各移動説を説明する．

（1） 続成作用初期移動説（primary migration in first diagenetic stage）

石油根源岩である泥岩の孔隙率が 30％になるまでの堆積初期に，石油は移動するという説である．移動媒体は，鉱物粒子や砂粒子の間に存在する間隙水（pore water：図 2-1を参照）である．

しかし，次のような事実から，今ではこの説の支持者は，きわめて少なくなっている．

①この段階では，反応熱力学的に，ケロジェンなどからの石油の生成や移動は考えにくい．

②泥岩の浸透率はまだ高く，石油を閉塞すべき帽岩はまだ形成されない．

（2） 続成作用前期移動説（primary migration in early diagenetic stage）

泥岩の孔隙率が 30～10％の段階で，石油は移動するという説である．続成作用初期成因説に対応し，移動媒体を間隙水に求めた移動説である．

日本の石油探鉱技術者や研究者の中には，続成作用後期成因説に立ちつつも，ケロジェン起源の炭化水素が，この説で移動し，鉱床を形成すると考える人が多い．

しかし，ケロジェンの熱分解により生成する石油炭化水素の量は，続成作用のこの段階では，まだピークを迎

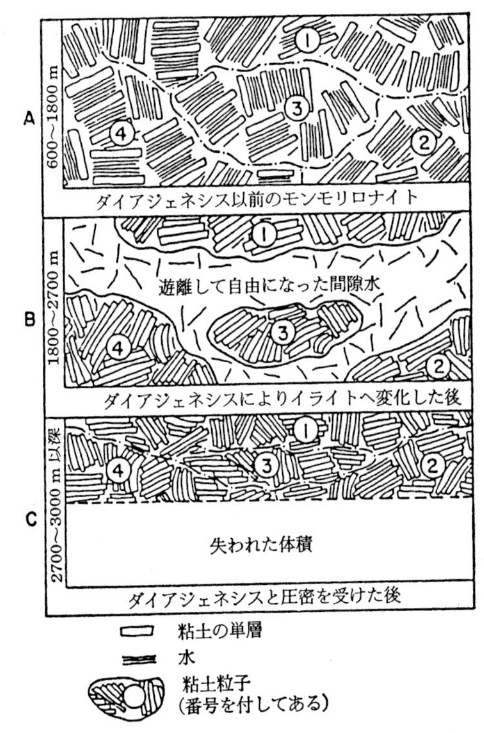

図 4-2 続成作用にともなう，粘土鉱物の層間水の放出[52]

えていない．

（3） **続成作用後期移動説**（primary migration in late diagenetic stage）

泥岩の孔隙率が 10 %以下になった段階で，石油は移動するという説である．この段階になると，圧密（compaction）により，間隙水の大部分は，根源岩からすでに失われてしまっている．したがって，移動媒体としては，間隙水を使えず，代わりに粘土鉱物の層間水（interlayer water）や沸石の結晶水（water of crystallization）が，鉱物から分離したものを考える．とくに，粘土鉱物のモンモリロナイト（montmorillonite）中に存在する層間水が，重要視されている．

続成作用の進行にともない，根源岩の温度は上昇して，100〜200°Cに達する．この過程で，根源岩中のモンモリロナイトはイライト（illite）へと変化する．そのときに，大量の層間水が放出されて，自由な間隙水となる（図 4-2）．この間隙水が，石油を運搬すると考える．

この説は，続成作用後期成因説と関連づけられ，諸外国では，少なくない支持者をえている．

以上のように，石油の移動媒体を水と考えると，続成作用の段階に限定され，3つの説にまとめられる．しかし，近年になり，水以外の媒体を考慮する新しい考え方が提案されてきた．これらの説は，岩石中の割れ目などを重要視しており，続成作用の段階で限定されるものではない．

水以外のものを媒体とする説の移動時期については，次の移動の機構の中でとりあげる．

b．移動の機構

第一次移動については，何を媒体にするかなどにより種々の機構説が提案されている．

以下，現在提唱されている移動機構説を順に説明する．

（1） **コロイド説**（migration as a colloid）

ミセル（micelle）説ともよばれ，水を媒体とする．古来，水と油は一緒にならぬものの代表であり，石油が水に溶けるためには，真の溶解では困難と考えた．そこで，石油炭化水素の分子が会合して親液コロイドを形成し，そのコロイドが水に溶けると考えた．

実験によれば，炭化水素が親水性コロイドの状態になれば，1,000 ppm 以上も水に溶解することが可能である[53]．しかし，コロイドの大きさは，10〜30nm（1 nm＝10^{-9}m）にもなる．そのため，続成作用初期以降では，泥岩の粒子間隙よりコロイドの方が大きくなってしまい（図 4-3），移動は困難である．

（2） **分子溶解説**（migration in solution）

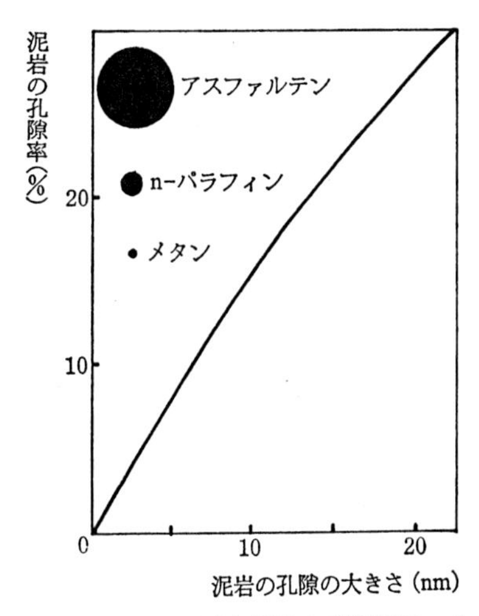

図 4-3　泥岩の孔隙と炭化水素類分子の大きさ(文献[15]をもとに筆者が改変作図)

真の溶解 (true solution) 説ともよばれ，やはり水を媒体とする．炭化水素は，微量ながら分子溶解の形で水に溶ける (表 4-2)．しかも，温度が100℃を超えると，溶解度は急に上昇する．さらに，温度上昇にともない，高分子の炭化水素は，低分子の炭化水素より，相対的な溶解度がはるかに高くなる[55]．このような実験結果から，石油炭化水素は，高温のもと，分子の状態そのままで水に溶ける，と考えた説である．

しかし，次のような理由により，移動機構の主体では

表 4-2　25°Cにおける，主な炭化水素の水に対する溶解度（文献[54,55]より）

化合物	溶解度(ppm)	化合物	溶解度(ppm)
メタン	24.4±1.0	2,3-ジメチルブタン	19.1±0.2
エタン	60.4±1.3	2,4-ジメチルペンタン	4.41±0.05
プロパン	62.4±2.1	イソブタン	48.9±2.1
n-ブタン	61.4±2.1	イソペンタン	47.8±1.6
n-ペンタン	38.5±2.0	シクロペンタン	156.0±9.0
n-ヘキサン	9.5±1.2	メチルシクロペンタン	42.0±1.6
n-ヘプタン	2.93±0.20	シクロヘキサン	55.0±2.3
n-オクタン	0.66±0.06	ベンゼン	1780±45
n-ノナン	0.220±0.021	トルエン	515±17

ないという意見が強い．

①油田形成に関与した水と石油の収支計算をすると，媒体となった水の量に比べて，集積した石油の量が圧倒的に多い．

②集積した石油の組成が，水に対する溶解度と相関していない．

(3) **油相説** (oil-phase migration)

石油が水とは独立して，単一の液相またはガス相として，連続的に移動するという説である．実際には，鉱物粒子に吸着されて表面に付着している秩序水 (structured water) の間をすり抜けるようにして，油相は移動する．秩序水は，一般の自由水より比重が大きく，固体と同様の挙動を示し，流動することはない[15]．

秩序水のない状態では，石油の有効浸透率が小さくなりすぎて，油相は移動できない．したがって，この説も，広い意味で水を媒体とする移動説に属し，続成作用前期移動説の機構として考えられたものである．

(4) **フラクチャー説** (migration by rock fracturing)

Tissot と Welte により提唱された新しい説で，一種の油相説である[6]．石油は，油相またはガス相として，まったく水の媒体なしに，根源岩内のマイクロフラクチャー (microfracture) を通じて移動するという説である．

マイクロフラクチャーの成因は，次のように考える．続成作用の進行により，ケロジェンから低分子炭化水素が発生すると，体積が増加して，根源岩内に高圧部が生じる．この圧力により，細かな割れ目すなわちマイクロフラクチャーが，根源岩内に形成される (図 4-4)．このような過程の繰り返しにより，マイクロフラクチャーが連続的に発達して，石油はそれを伝わり，徐々に貯留岩まで移動すると考えた．

続成作用後期成因説の立場から考えられた移動機構説である．

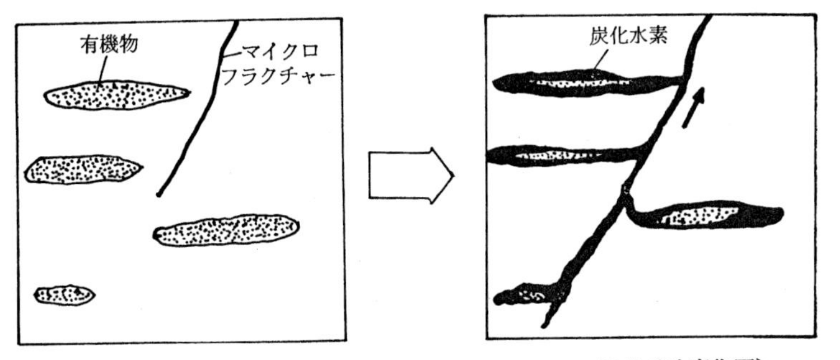

図 4-4　マイクロフラクチャーの形成（文献[56]をもとに筆者が改変作図）

（5）　**ガス溶解説**（gas-phase migration）

Negliaにより，新しく提唱された説である[57]．地下深部で形成された高温・高圧のメタンなどのガスが，断層やフラクチャーを通じて上昇する．その過程で，石油をガス中に溶解して，浅所へと運搬する．浅所に到達すると，温度・圧力の低下にともない，ガスは一部液化して石油となる．残りの軽い成分は，さらに上方へと移動してゆくと考えた．

このように，ガスを媒体とした特異な移動機構説である．移動は，断層やフラクチャーの形成後であればいつでもよく，時期は限定されない．

（6）　**ケロジェン通過説**（migration along organic matter）

ろうそくの芯説（candlewick hypothesis）ともよばれている．古くからあった考えが，新しく再提唱され，復活した説である．ケロジェンから発生した石油炭化水素は，ケロジェン自身の三次元的な網目状構造を伝わって，根源岩の外へ移動する．それはあたかも，毛管現象を利用し，ろうがろうそくの芯を通って上昇し燃焼するように，移動するという説である[15]．

これら移動機構説は，水を媒体として，比較的昔から考えられてきた(1)〜(3)と，水以外の媒体を考え，新しく提唱された(4)〜(6)に二分される．

普通の泥岩が石油根源岩の場合には，(1)〜(6)のいずれの説も，移動を説明することは可能である．しかし，炭酸塩岩や浸透性のわるい泥岩が根源岩である場合には，水を媒体とした(1)〜(3)の説では，移動の説明は難しい．

炭酸塩岩は，続成作用の早期に固結が進み，泥岩に比較して，かなり早い時期に，孔隙率や浸透率が減少してしまう[58,59]．しかも，モンモリロナイトなどの粘土鉱物の含有量もきわめて低い．したがって，続成作用後期成因説に基づけば，水を媒体としての移動は考えにくい．ただし，3-5で述べたように，炭酸塩岩が石油根源岩になりうるか否かについては，意見の分かれるところである．

第一次移動の距離については，根源岩の浸透率が10^{-3}〜10^{-11}mdと低いので，一般には200〜300 m以内，最大でも1 kmを超えないといわれている[6,15]．

しかし，ガス溶解説では，断層などを伝わって移動するので，垂直方向にかなりの距離を移動すると考えられている[57]．

第一次移動は，石油の生成とも密接に関連した重要な部分である．しかし，上記のように，多くの仮説が提案され，いずれも決定的な移動説となるまでにいたっていない．石油地質学の中で，もっとも不透明とされる分野であり，研究がまたれる．

4-2　第二次移動

第二次移動でもっとも問題となる点は，水を媒体とする第一次移動を考えた場合に，いかにして水から石油炭化水素が分離するかである．

第一次移動をコロイド説で考える場合には，根源岩から貯留岩へ水が移動するときに，塩分濃度が高まり，pHに変化が起きる．その結果コロイドがこわされて，炭化水素は水と分離する，と考えられている[53]．

分子溶解を考える場合も，同様である．炭化水素を含む水（塩水）が，貯留岩中で粗粒部から再度細粒部へ移るときに，膜平衡（membrane equilibrium）がはたらく．すなわち，塩類が水から除かれて，粗粒堆積物中に濃縮すると，イオン濃度に変化が起こる．それにより，溶解度が低下して炭化水素は水から分離する，と考えられている[53]．

水から分離した油滴は，やがて合体してある程度の大きさの塊になると，浮力や，ときには水力流がはたらいて，第二次移動を起こす．地下での比重は，石油が0.5〜1.0，水が1.0〜1.2であり，この差が浮力を起こす原因である．

水を直接の媒体としない第一次移動，すなわち，油相説・フラクチャー説・ガス溶解説・ケロジェン通過説を考える場合には，初めから油滴の状態で貯留岩に移動してくる．そのため，そのままの状態で，引き続き浮力と水力流により，第二次移動を起こすと考えられる．

第二次移動の距離については，障壁（barrier）さえなければ，数十〜数百km，さらにはそれ以上にもおよぶ，といわれている[6,15]．

第二次移動の基本は，浮力という単純な物理現象で説明できる．しかし，第一次移動から第二次移動への転換部分については，ほとんど研究がなされていない．第一次移動の解明とともに，今後の研究がまたれる分野である．

まとめ

石油の移動は，根源岩から貯留岩までの第一次移動と，貯留岩中での第二次移動に分けられる．第一次移動の媒体を水と考えると，移動時期から，3つの第一次移動説が提唱されている．しかし，近年になり，水以外の移動媒体を考慮する移動機構説が相次いで提唱され，第一次移動の解明は混沌とした状態である．

第二次移動の原因は基本的に浮力である．しかし，第一次移動から第二次移動への移行については，第一次移動ともかかわり，ほとんど解明されていない．

石油の移動については，石油地質学の分野でもっとも立ち遅れているところである．

5章　石油の保存

根源岩内で生成された石油は，移動して貯留岩のトラップに集積する．これで石油鉱床は形成された．しかし，それ以後も，石油は，貯留岩とともに続成作用・変成作用・変質作用などを受け，刻々と変化してゆく．そのために，生成された石油が分解されたり，逃散してしまい，人類が石油鉱床を発見する以前に，石油鉱床がこわされることもある．

石油鉱床が発見されるためには，生成された石油が，貯留岩内で保存（preservation）されていなければならない．

5章では，石油の保存という立場から，石油の分類（classification）と，石油の変質（alteration）について述べる．

5-1　石油の分類

採収された原油の分類については，利用目的により色々な提案がなされている．石油地質学の観点からの分類，すなわち石油生成と堆積環境や変質との関連性に基づいた分類を，以下に説明する．それは，石油の成分により分類する方法で，表5-1の6種類に分類できる[6]．ただし，分類基準になる成分組成は，沸点が210℃以上のものだけで決定している．

次に，各型の原油の特徴を示す（図5-1参照）．

(1)　パラフィン型（paraffinic oils）

パラフィン型原油は，比重が0.85以下の軽質である．レジンとアスファルテンの含有量は，合わせても10%以下である．一般に粘性は低く，硫黄含有量も低い．

表 5-1 原油の分類[6]

沸点が210°C以上の原油成分 S＝飽和炭化水素 AA＝芳香族＋レジン＋アスファルテン	P＝パラフィン N＝ナフテン	原油の型	硫黄含有量（概数）	試料数（合計 541）
S>50% AA<50%	P>N および P>40%	パラフィン型	<1%	100
	P≦40% および N≦40%	パラフィン—ナフテン型		217
	N>P および N>40%	ナフテン型		21
S≦50% AA≧50%	P>10%	芳香族—中間型	>1%	126
	P≦10%—N≦25%	芳香族—アスファルト型		41
	P≦10%—N≧25%	芳香族—ナフテン型	一般に S<1%	36

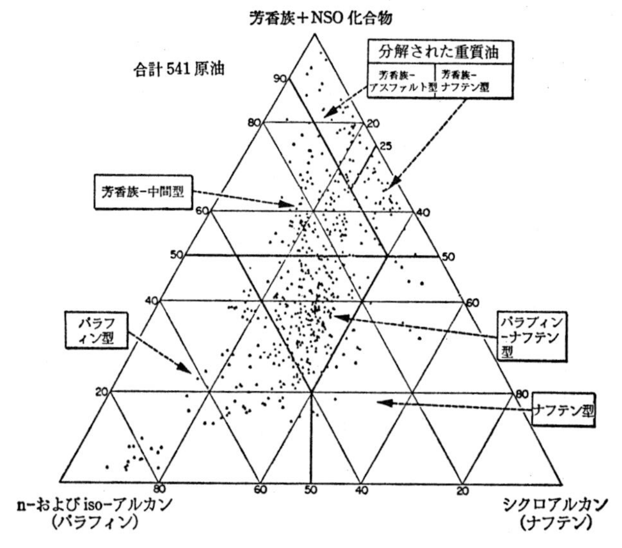

図 5-1 三角ダイヤグラムによる原油の分類[6]

北アフリカ・アメリカ合衆国・南米の古生界中の原油，南大西洋周縁から産する白亜系中の原油，西アフリカ・リビア・インドネシアの第三系中の原油などの一部が，この型の例としてあげられる．非海成原油の多くは，この型に属し，高分子パラフィンの含有量が高い．

（2）　パラフィン―ナフテン型（paraffinic-naphthenic oils）

この型の原油は，パラフィン型原油に比較して，一般に比重も粘性も高い．レジンとアスファルテンの含有量は，合わせて5～15％である．含まれる炭化水素の25～45％は，芳香族に属す．硫黄含有量は1％以下である．

カナダ，アルバータ州のデボン系と白亜系中の原油，北アフリカとアメリカ合衆国の古生界中の原油は，大部分がこの型に属す．フランス，パリ盆地と北海盆地のジュラ-白亜系，西アフリカの白亜―第三系，北アフリカの白亜―下部第三系に，それぞれ含まれる原油もこの型に入る．

（3）　ナフテン型（naphthenic oils）

未変質原油でナフテン型に属すものは，きわめて少ない．パラフィン型かパラフィン―ナフテン型原油が生化学的に変質されたものが，この型に属す原油の大部分である．n-および iso-アルカンの含有量は，20％以下に減少している．硫黄含有量は低い．

この型の例は，ガルフコースト・北海・旧ソ連から産する原油の中に認められる．

（4）　芳香族―中間型（aromatic-intermediate oils）

この型の原油は，一般に比重0.85以上で，重質油が多い．レジンとアスファルテンの含有量は，合わせて10～30％以上に達する．含まれる炭化水素の40～70％は，芳香族に属す．硫黄含有量は1％を超える．

中東地域のジュラ-白亜系中の原油の大部分は，この型に属す．

（5）　芳香族―ナフテン型（aromatic-naphthenic oils）

この型の原油は，パラフィン型かパラフィン―ナフテン型原油の変質したものである．レジン含有量は高くなるが，硫黄含有量は低いままである．

西アフリカの下部白亜系中の変質原油，マダガスカルの下部白亜系中のオイルサンドから回収される原油が，この型の例である．

（6） **芳香族ーアスファルト型**（aromatic-asphaltic oils）

この型には，ベネズエラや西アフリカの未変質の芳香族原油も含まれるが，大部分は芳香族―中間型原油が変質したものである．重質で，粘性が高く，一部には固化した成分を含むような原油から構成される．レジンとアスファルテンの含有量は，合わせると30～60%にも達する．レジン対アスファルテンの量比は，芳香族―ナフテン型原油の値より小さい．

カナダ西部から産出するオイルサンドより回収される原油は，ほとんどがこの型に属す．

これら6種類の原油のうち，主に未変質のものは(1)，(2)，(4)の3種類である．それらの原油成分から，根源岩の堆積環境を推定すると，次のようなことになる[6]．

①芳香族―中間型原油の多くは，還元的環境下に堆積した海成堆積物から生成した．

②パラフィン型およびパラフィン―ナフテン型原油の多くは，大陸周縁の三角州(デルタ)や海岸堆積物，または非海成堆積物から生成した．

5-2　石油の変質

貯留岩中のトラップに集積した石油は，そこで種々の変質作用を受け，その性質を変化させる．以下に，代表的な変質作用を説明する．

（1） **石油の熟成**（petroleum maturation）

堆積物中の他の有機物と同様に，石油も熱と時間の作用を受け，有機熟成変化を起こす．この過程は，石油の熟成，進化(evolution)，熱変質(thermal alteration)などとよばれる．

もっとも典型的な石油の熟成は，軽質化である．有機熟成作用が進むにしたがい，原油中の高分子化合物は熱分解され，低分子化してゆく．その結果，石油全体の比重は，徐々に小さくなってゆく．

したがって，同一年代の堆積物中では，埋没深度の深いものほど，石油の比重は小さくなる傾向がある（図

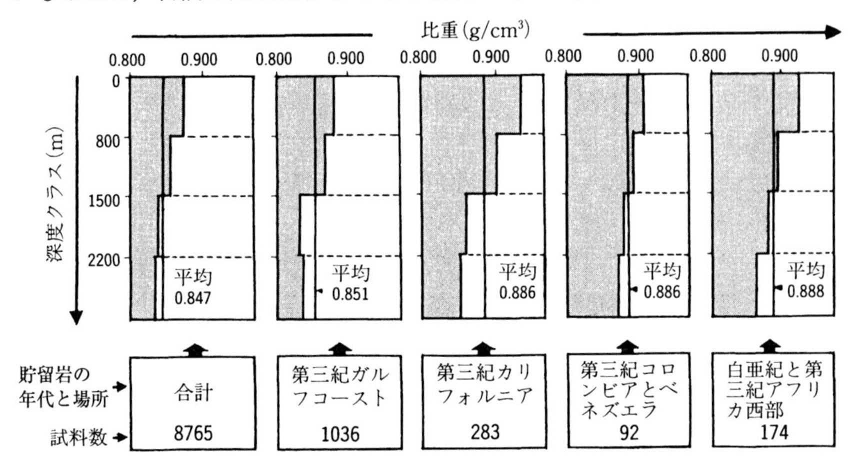

図 5-2　埋没深度にともなう原油の比重の変化[6]
埋没深度は4つのクラスに分類してある．

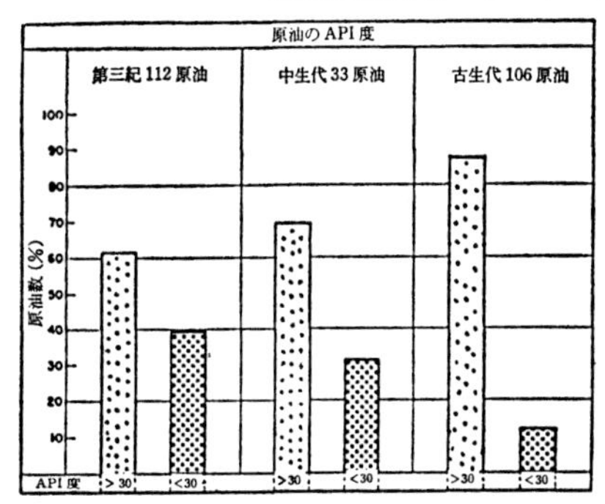

図 5-3　原油の比重(API 度)と地質年代の関係
——米国産原油の例——[60]
API 度が30°以上（比重0.88以下）のものは軽・中質油，30°未満（0.88以上）のものは重質油である．

5－2）．また，年代別の石油の比重をみると，年代が古いものほど，軽質油の割合が増大し，重質油の割合が減少する（図 5-3）．

石油の硫黄含有量も，熟成につれて減少する．それは，熱分解により H_2S などが形成されて，石油中から硫黄が除去されるためである．

石油の硫黄含有量は，貯留岩の種類により異なり，砕屑岩中では平均0.51%，炭酸塩岩中では0.86%といわれている[6]．しかし，熟成の進行にともない，両者とも硫黄含有量がそれぞれ減少してゆく事実が，野外で認められている（図 5-4）．

石油炭化水素を構成する炭素の同位体組成も，熟成にともない変化する（図 5-5）．^{12}C－^{12}C 結合は，^{13}C－^{12}C

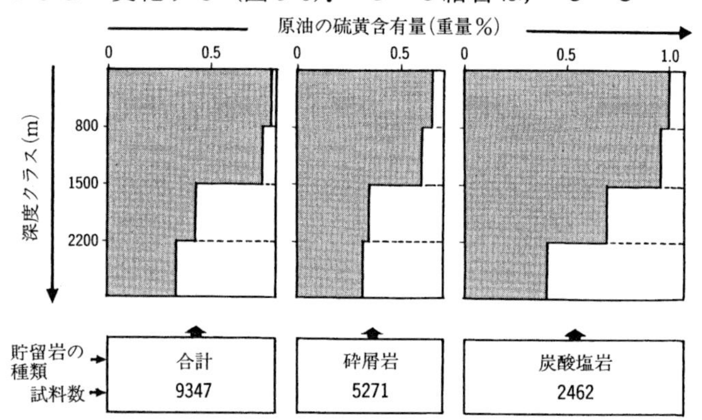

図 5-4 埋没深度にともなう原油の硫黄含有量の変化[6]
埋没深度は4つのクラスに分類してある．

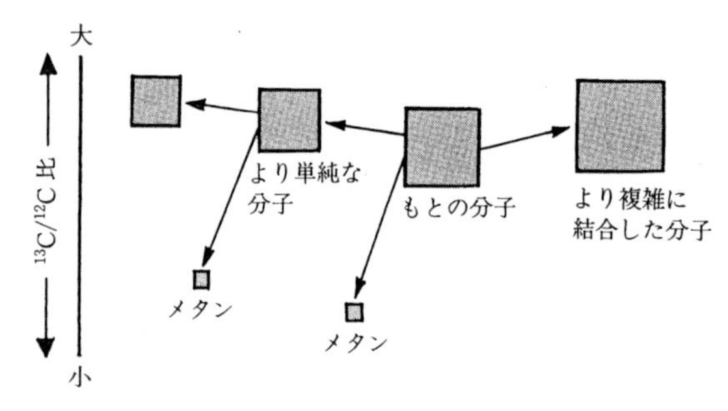

図 5-5 有機熟成作用にともなう炭素同位体比の変化[61]

結合より，8％破壊されやすい事実が，実験から判明している[62]．

したがって，有機熟成作用が進み，熱分解により高分子炭化水素からメタンなどが発生すると，その高分子炭化水素では，相対的に^{13}C含有量が高くなる．

しかし，年代別の石油の炭素同位体比（carbon isotope ratio；$\delta^{13}C$*）には，規則的な変化は認められない（図5-6）．この原因としては，石油を生みだすケロジェンの根源有機物の組成が，年代を通じて一定でなか

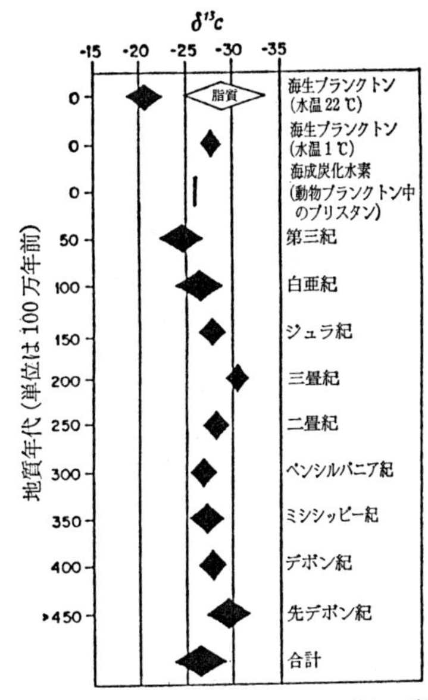

図 5-6　各地質年代における原油の炭素同位体比[63]

---

* $\delta^{13}C\ (‰) = \dfrac{\text{試料の}\ (^{13}C/^{12}C) - \text{標準試料の}\ (^{13}C/^{12}C)}{\text{標準試料の}\ (^{13}C/^{12}C)} \times 1000$

標準試料としては，PDBとよばれる米国白亜系Peedee層から産出する化石のヤイシ（*Belemnite*）に含まれる炭酸塩を使う．

った．そして，それらの根源有機物の δ^{13}C の値が，それぞれ異なっていたためと推定される．

以上のように，貯留岩中で石油は熟成変化してゆく．しかし，有機熟成作用が過度に進行すると，形成された石油炭化水素自身が，さらにメタンなどの低分子化合物に熱分解されてしまう．その結果，油田はガス田に変化し，さらには鉱床が破壊されてしまう場合も起こる．石油鉱床が存在するためには，適度な温度と時間が必要ということである．

Pusey は，石油鉱床存在の条件を温度の面から考察し，油田は地下の温度が 150°F (65.6°C)～300°F (148.9°C) の間で存在することを示した[64](図 5-7)．この領域を "Liquid window（液体の窓）" とよんでいる．

また，時間に関しては，貯留岩の地質年代をみると，中生代～新生代のものが大部分である（図 5-8）．先カンブリア代と沖積世の貯留岩は，非常にまれな存在である．貯留岩の年代と石油の熟成年代とは必ずしも一致しないが，時間についても，石油鉱床存在の領域があることを示唆しているように思われる．

（2） **脱アスファルト**（deasphalting）

重質～中質原油において，大量の低分子炭化水素（C_1～C_6）が原油に溶けこむと，原油中のアスファルテンが沈殿する．これを，脱アスファルトとよぶ．

脱アスファルトは，原油の軽質化をともなう作用なので，熟成と区別しにくい．しかし，原油の δ^{13}C の値が，脱アスファルトの前後であまり変化しない点で，熟成と区別できるといわれている[14]．

（3） **生物分解**（biodegradation）

堆積物や自然水の中には，代謝のエネルギー源として，炭化水素を利用する微生物が数多く生存している．これらの微生物により石油が分解されることを，石油の生物分解または，生物劣化とよぶ．

生物分解の対象となるのは，主に n-アルカンである．

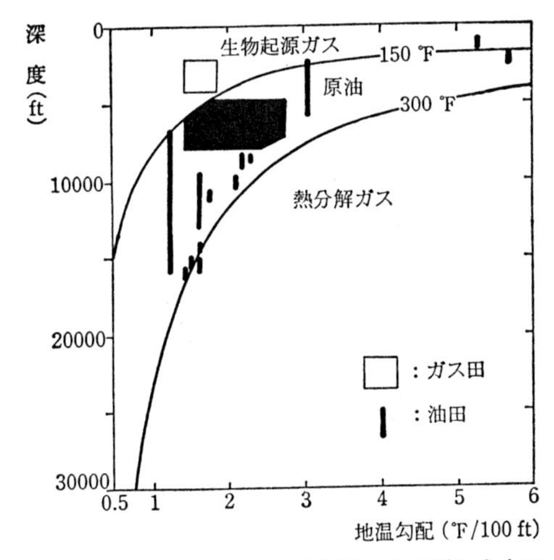

図 5-7　石油の存在する温度領域（文献[64]をもとに筆者が改変作図）

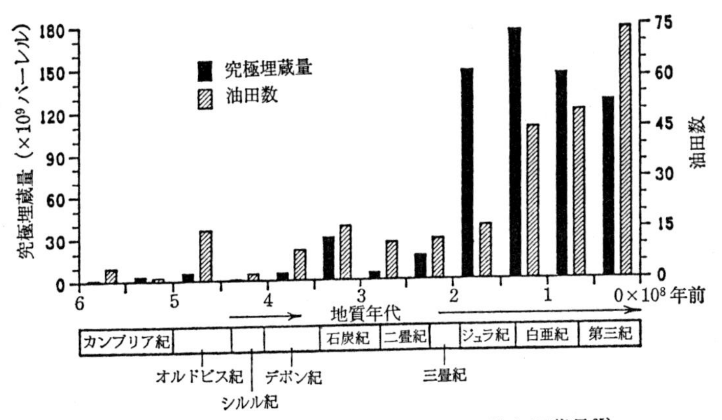

図 5-8　地質年代別にみた巨大油田の数と埋蔵量[65]

しかし，分枝状アルカン・低員環のシクロアルカン・芳香族炭化水素も分解の対象となることがある．炭化水素が微生物により酸化されると，アルコール・ケトン・酸などに変わってしまう（図 5-9）．そして，ついには石油鉱床が破壊されてしまうこともある．

生物分解の条件としては，バクテリアによる石油の変質では，実験から，82°C 以下の温度で，酸素・無機の

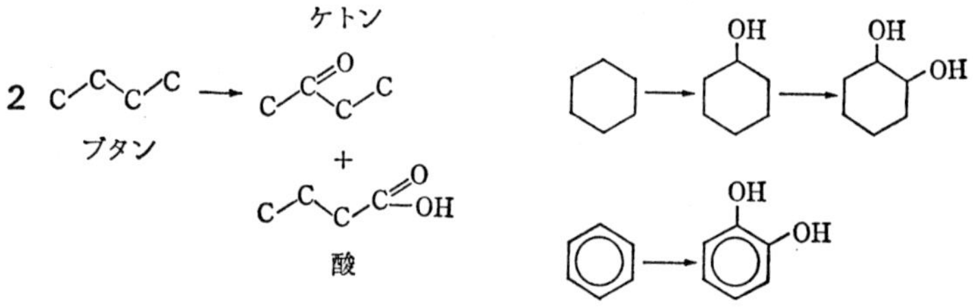

図 5-9　微生物による炭化水素の酸化の例

栄養素・水が必要であることが判明している[15]．

嫌気的環境下では，ある種のバクテリアが，酸素をえるために，硫酸塩を還元する．その結果，嫌気的環境下では，石油の変質とともに，硫化物が形成されたり，硫黄分に富む石油が形成されることがある[6]．

全世界に埋蔵されている石油のうち，その10％は生物分解を受けた石油といわれる．また，それとほぼ同量の石油が，生物分解による鉱床破壊で，すでに失われたと考えられている[15]．

（4）　物理・化学的分解（physical and chemical degradation）

その他の石油変質としては，水蝕（water washing）・濃厚化（inspissation）・無機的酸化がある．

石油が地表付近に存在すると，天水（meteoric water）と接触するようになる．すると，水に溶けやすい成分，すなわち軽質炭化水素が水に溶け去り，石油は重質化する．これを，水蝕とよぶ．水蝕は，生物分解と同時に起こることが多い．

さらに石油鉱床が地上に露出すると，蒸発により揮発分が失われて，濃厚化が起きる．天水や大気による酸化が進めば，石油はなかば固化して，天然アスファルトになってしまう．油徴露頭（6-3参照）でみられるアスファルトシール（asphalt seal）や，油層の油相と水相との接触面にできるアスファルトマット（asphalt mat）は，このような作用が原因で，形成されたものである．

以上のような作用がながく続くと，石油鉱床はついに破壊されてしまうことになる．

熟成以外の石油の変質については，まだよく解明されていない．その理由は，これらの変質が単独に起きることはまれであり，一般には複合した形で，石油を複雑に変質させるためである．

石油の変質により，石油成分がどのように変化するかの例を，図5-10に示す．石油成分は，熟成により，芳香族などの重質分が減少し，パラフィン分が増加する．ほかの変質を受けると，逆にパラフィン分が減少し，酸化を受けるとレジン・アスファルテンが増加する．

変質により，パラフィン―ナフテン型原油は芳香族―

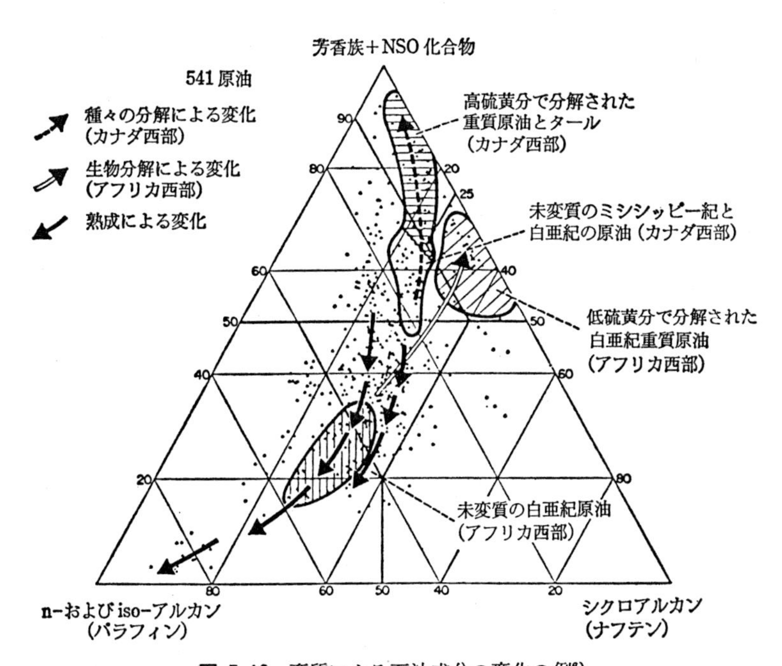

図 5-10　変質による石油成分の変化の例[6)]

ナフテン型へ，芳香族—中間型原油は芳香族—ナフテン型か，さらには芳香族—アスファルト型へと変化してゆく．

まとめ

石油は，その成分により6つの型に分類できる．この分類は，石油根源岩の堆積環境や石油の変質とも関連性をもつ．

集積した石油の変質には，熟成・脱アスファルト・生物分解・水蝕・濃厚化などがあり，これらにより石油成分は大きな変化を受ける．石油の変質は，天然では単独で起きることはほとんどなく，複合して起き，複雑な変質を石油におよぼす．

6章　石油の探鉱

これまでの章で，石油の生成から移動・集積・保存まで石油鉱床成立の過程をみてきた．これらの知識をもとにして，地下に胚胎している石油鉱床を探し当てることを，石油の探鉱（petroleum exploration または petroleum prospecting）という．

石油探鉱は，現在でも“ばくち（投機的）”といわれる．それは，多額の費用と莫大な労力を払い，100本の石油坑井（井戸）を掘っても，商業油田になるのは，わずか2～3本にすぎないからである[13]．これほどまでに石油探鉱の成功率が低い原因は，前章までに述べたように，石油鉱床の形成機構全体が，まだ十分に解明されていないためである．

石油は根源岩で生成され，貯留岩中を移動して，トラップに集積し，そこで保存される（図6-1）．よって，石油の生成・移動・集積・保存の4条件がすべて整ってこそ，はじめて石油鉱床は成立する．したがって，石油探鉱とは，石油の生成・移動・集積・保存の4条件が，それぞれ満たされているか否かを，判定するものである．

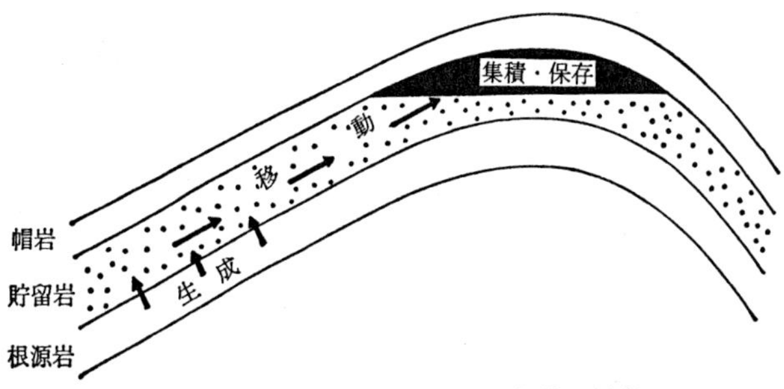

図 6-1　石油の生成・移動・集積・保存

具体的には，探鉱対象となる地域において，石油の起源物質であるケロジェンの種類（型）・量・熟成度をしらべ，どのくらいの石油が生成されたかを推定する．次に，地層の堆積史や地質構造発達史を解明し，生成された石油が，どれくらいの量，いつの年代に，どの地層に移動し，そしてどのトラップに集積し，どれくらいの量が現在まで保存されているかを，推定することになる．

石油探鉱は，その手法により，地質学的探鉱・物理探鉱・地化学的調査に区分される．さらに，試錐（しすい）といって，直接地下深部の情報をえるために，坑井（井戸）を掘る．

本章では，以下に各探鉱法を概説する．

6-1　地質学的探鉱

地質学的探鉱（geological prospecting）とは，石油探鉱の対象地が，石油の集積に適した地質状況になっているか否かを，地質学的にしらべることである．

a．地表地質調査（geological surface survey）

本調査は，実際に野外を踏査して，層序・岩相・地質構造などをしらべるものである．

本調査をもとにして，岩石学的調査・古生物学的調査・地化学的調査など，より細部の検討へと進んでゆくので，地表地質調査は欠くことのできない重要な基本的作業である．

b．岩石学的調査（petrological survey）

本調査では，各種岩石の物理・化学的性質や鉱物組成などをしらべる．その結果から，各種岩石の成因，堆積岩では堆積環境や続成作用，火成岩では絶対年代などを明らかにする．

c．写真地質調査（photogeological survey）

本調査は，“リモートセンシング（remote sensing）

による地質解析”ともよばれる．空中から撮映した写真により，地形解析をおこない，地質状況と関連づけるものである．

航空機から撮映した航空写真のほかに，現在では，LANDSATなどの人工衛星から撮映した映像も解析に利用されている．

岩石の露出のわるい地域，交通の便のわるい地域，また広域を迅速にしらべる場合に，きわめて有効である．

しかし，本調査の解析は図上でのみおこなわれるため，地質学・地形学・植物学・土壌学・気象学など多岐にわたる知識が必要である．そのため，誤った解析結果に陥る危険性も大きい．写真地質調査の解析結果を，地表地質調査によりチェックすることが望ましい．

d．古生物学的調査 (paleontological survey)

本調査は，地層に含まれている化石をしらべて，その地層の年代・堆積環境を推定するものである．

本調査により，地表地質調査で編まれた地質層序は確定し，地層対比も確立する．さらには，堆積環境の推定から，根源岩評価の目安にもなる．

主な調査対象となるのは，微化石（microfossil）または超微化石（nannofossil）である．具体的には，有孔虫・放散虫・珪藻・花粉と胞子・コッコリスなどである．

e．坑井地質調査 (geological borehole survey)

本調査に先立ち実施される地表地質調査や物理探鉱の結果，およびすでに周辺に掘削された坑井の資料などを参考にして，位置を決定して坑井を掘る．そのときに，坑井の掘進とともに，掘削泥水(でいすい)（drilling mud）により，坑底から地表へ運ばれてくる掘屑(ほりくず)（cuttings）をしらべる．また，時には岩石を地下に存在するがままの状態で円柱状にくり抜き，採集してしらべる．このような試料をコア（core）という．以上のような調査を，坑井地質調査とよぶ.

掘屑やコアは，実際に現在地下に分布している岩石の試料である．したがって，地表地質調査・岩石学的調査・古生物学的調査と同様の手段を用いて，詳細にしらべられる.

坑井地質調査は，地下における地質資料の直接的な取得というほかに，石油鉱床存在の可能性を直接的に検知するという，2つの側面をもつ.

f．総合解析 (synthetic interpretation)

以上の各調査結果を総合し，有機的に関連づけて，地質状況を解釈する．さらに，それらの結果を，地質図 (geological map)・断面図 (geological section)・柱状図 (geological columnar section)・等層厚線図 (isopach map)・古地理図 (paleogeographic map)・岩相図 (lithofacies map) などの各種総合図に，具体的に表わす．これらをもとに，探鉱対象地域の地質構造発達史や堆積盆 (sedimentary basin) の変遷史を解明して，より合理的な石油探鉱をめざす.

6-2 物理探鉱

物理探鉱 (geophysical prospecting) は，地殻を構成している物質の物理的性質を利用して，地下の地質構造を解明しようとするものである．坑井掘削以外では，地下深部の構造を対象とする唯一の調査手段である.

a．磁力探鉱 (magnetic prospecting)

岩石を構成する大部分の鉱物は，磁性をもっていない．しかし，鉄・ニッケル・コバルトなどを含む鉱物は磁化しやすく，これらの鉱物を含む岩石は磁性をもつ．磁性の強さ，すなわち帯磁率 (magnetic susceptibility) は，岩石の種類により異なる（図 6-2)．一般に，堆積岩の帯磁率は非常に小さく，火成岩の帯磁率はそれより1

～2けた大きい．このような帯磁率の差を利用して，磁場の微妙な変化から，地下の岩石の分布状態を推定するのが，磁力探鉱である．

磁力探鉱は，堆積盆の形態を大ざっぱに把握するのに，使われることが多い．

	10	10^{-1}	10^{-2}	10^{-3}	10^{-4}	10^{-5}	10^{-6}
玄武岩							
安山岩							
花崗岩							
閃緑岩							
斑レイ岩							
蛇紋岩							
片麻岩							
結晶片岩							
粘板岩							
石灰岩							
頁岩							
砂岩							

図 6-2　各種岩石の帯磁率（単位はガウス：文献[12]をもとに筆者が改変作図）

b．重力探鉱 (gravity prospecting)

地球自身による引力と，地球の自転による遠心力との合力を重力（gravity）という．地球が完全な回転楕円体であり，密度（density）も均質であれば，地球表面上のある地点の重力の値は，理論的に計算することができる．しかし，実際の重力測定値から，地形・高度などによる影響を取り除いても（これを“補正；reduction”という），この値と理論値とは一致しない．この相違は，地表付近の密度分布が不均質なために起こるものである．

岩石の密度は，種類により異なる（表6-1）．この事実を逆に利用し，重力の測定値から，地下の密度分布を

表 6-1 岩石の密度[13)]

岩 石	密度 (g/cm³)
火成岩	2.5～3.0
石灰岩	2.3～2.8
頁 岩	1.9～2.7
砂 岩	2.1～2.7
岩 塩	1.8～2.2

推定する．そして，地表付近の岩石の分布状態，すなわち地質構造を解明するのが，重力探鉱である．

重力探鉱は，その地域の基盤岩 (basement) の形状を，大ざっぱに把握するために使われることが多い．

c．地震探鉱 (seismic prospecting)

地中を伝わる弾性波は，密度や弾性定数の異なる地層の境界面に当たると，一部は反射し，残りは屈折する．このような現象を利用して，地下の地質構造を明らかにしようというのが，地震探鉱である．

実際には，火薬の爆発やエアガンなどで人工的に小規模な地震を起こす．それにより発生した弾性波が，地下で屈折したり反射したりして，地表にもどってくるのを観測する．このときに，屈折波を観測するものを屈折法 (refraction method)，反射波を観測するものを反射法 (reflection method) とよぶ．

屈折法を実施する場合には，解明しようとする深度の４～５倍の長さの直線的な測線が必要となる．そのため，土木調査などの地下浅部の構造解明にもっぱら利用され，石油探鉱には，あまり利用されなくなった．

反射法は，測線の長さも比較的短くてすみ，かつ深部までの情報をえることができるので，石油探鉱において，もっとも重要な探鉱法の１つにあげられている．

最近では，地質構造の解明だけでなく，石油の賦存を知る直接的探鉱法として，地震探鉱を利用しようという研究が進められている．この探鉱法が開発されれば，坑井を掘らずに，地下に存在する石油の位置や量を検知することが可能となる．まさに，夢の探鉱法である．

d．電気および電磁探鉱 (electric and electromagnetic prospecting)

岩石は，含まれる導電性物質の種類・量・配列，間隙水の量などにより，固有の電気比抵抗（resistivity）を有している（表6-2）．一般に，比抵抗は，堆積岩，変成岩，火成岩の順に高くなる．この性質を利用して，地中の電気比抵抗から，岩石の分布状態を推定し，地下の地質構造を解明しようとするのが，電気探鉱である．

その中でも，地磁気（geomagnetism）とそれにより誘導される地電流 (earth current) を測定して，地下の比抵抗から，地質構造を解明するのが，電磁探鉱である．

石油探鉱の分野では，現在あまり電気探鉱は利用されなくなった．

e．総合解析（synthetic interpretation）

石油探鉱のためには，あらゆるデータを有効に活用して，地下の地質構造の解明に努めねばならない．物理探鉱では，はじめに，探鉱対象となる堆積盆の規模を広域

表 6-2　岩石などの電気比抵抗[12)]

鉱物・岩石の種類	比抵抗（Ω・m）	鉱物・岩石の種類	比抵抗（Ω・m）
天水	$30 \sim 10^3$	苦灰岩	$3.5 \times 10^2 \sim 5 \times 10^3$
自然水	$1 \sim 100$	結晶片岩	$20 \sim 10^4$
海水	0.2	凝灰岩	$2 \times 10^3 \sim 10^5$
鉄	10^{-7}	石墨片岩	$10 \sim 100$
銅	1.7×10^{-8}	粘板岩	$6 \times 10^2 \sim 4 \times 10^7$
粘土	$1 \sim 100$	片麻岩	$6.8 \times 10^4 \sim 3 \times 10^6$
固結頁岩	$20 \sim 2 \times 10^3$	溶岩	$10^2 \sim 5 \times 10^4$
沖積層と砂	$10 \sim 800$	玄武岩	$10 \sim 1.3 \times 10^7$
オイルサンド	$4 \sim 800$	安山岩	$1.7 \times 10^2 \sim 4.5 \times 10^4$
砂岩	$1 \sim 6.4 \times 10^8$	花崗岩	$3 \times 10^2 \sim 10^6$
石灰岩	$50 \sim 10^7$	閃緑岩	$10^4 \sim 10^5$

的かつ経済的に調査するため，磁力探鉱と重力探鉱が実施される．その後，これらの結果をふまえて，地震探鉱などの計画を立案するのが普通である．

調査された種々の物理探鉱結果は，総合的に組み合わされて，地下の地質構造の解明に利用される．そこには，探鉱地域の地質構造発達史も加味されていなければならない．

6-3　地化学的調査

石油鉱床が存在するか否かの推定，石油根源岩の評価，石油と根源岩との対比などについて，化学的手法を用いておこなう調査を，地(球)化学的調査* (geochemical prospecting) とよぶ．

a．表層徴候調査 (surface survey of petroleum occurrence)

石油鉱床内に濃集しているヘリウム・水銀などの微量元素や炭化水素ガスは，地下深部の鉱床から地表へ向かい絶えず流失している．原油や天然ガスが地表にしみ出ている油徴 (oil seepage) やガス徴 (gas seepage) は，その好例である．この現象をとらえて，地下深部の石油鉱床を探し当てようという直接的探鉱法が，表層徴候調査または表層地化学調査 (surface prospecting) とよばれるものである．

しかし，近年環境汚染が進み，表層付近の炭化水素や微量元素が，鉱床に由来するのか，汚染(contamination)によるのか，判定が困難となった．また，探鉱対象の深度が増大したため，ガスなどの徴候を捕えにくくなった．そのため，表層徴候調査は，現在あまり実施されない．

b．石油根源岩評価 (identification of petroleum

* 「地化学探鉱」とよぶ場合もあるが，本書では文献[12]に基づいて，よく使われる「地化学的調査」という用語を使う．

source rock）

本調査は，石油根源岩となりそうな岩石に対して，含まれる有機物の量・種類（型）・熟成度をしらべて，根源岩としてのポテンシャルを評価するものである．

含まれる有機物の量からの評価法としては，**有機炭素量・ビチューメン量・炭化水素量**などを測定し，それらの値の組み合わせから，根源岩評価をおこなう．その例を，図6-3に示した．

有機物の種類（型）をしらべるのは，先に3-6で述べたように，ケロジェンの型により，生成される炭化水素の質や量に大きな差があるためである．

ケロジェンには3つの型があり，それらは元素組成で区別できる（図3-12）．しかし，元素分析のためには，堆積岩からケロジェンを分離せねばならず，膨大な時間と労力と薬品が必要である．そこで，実際には，ケロジ

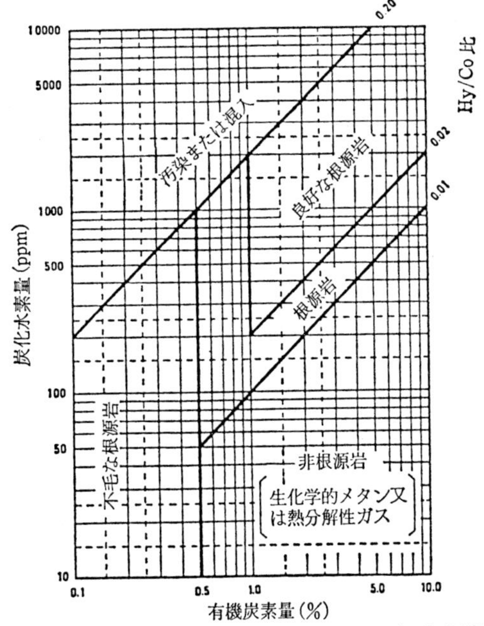

図 6-3　炭化水素量と有機炭素量にもとづく根源岩評価の例[12)]

ェンの型を推定する簡便法として，形態学的分類法と熱分解法を利用することが多い．

形態学的分類法は，一般に**“ビジュアルケロジェン(visual kerogen) 法”**とよばれる．生物顕微鏡下で，組織・形態から，不定形質（amorphous)，草本質(herbaceous)，石炭質ー木質（coaly-woody）の3つにケロジェンを大別する．そして，その構成頻度により，ケロジェンの型を推定するものである[66,67,98]．元素組成からの分類と対比させると，不定形質はIとII型に，草本質はIIとIII型に，石炭質ー木質はIII型に，それぞれ対応している[6]．

熱分解法は，粉末にした未処理の岩石試料を，徐々に昇温加熱して，発生した分解生成物の種類や量を測定する．それらの結果をもとに，ケロジェンの型，さらにはその量や熟成度も推定する方法である．中でもフランス石油研究所などで開発された**“ロックエバル（Rock-Eval）法”**は，迅速熱分解法の代表であり，わが国を含め世界各国で広く利用されている．ロックエバル法では，岩石試料の熱分解で生成した炭化水素と二酸化炭素の量を，有機炭素1g当たりの値で示す．これらは“水素指数（hydrogen index)”，“酸素指数（oxygen index)”とよばれる．水素指数はケロジェンのH/C原子比と，酸素指数はO/C原子比と，それぞれ相関をもつ．この関係を利用して，Van Krevelenダイヤグラムと類似のダイヤグラム上で，ケロジェンの型や熟成度を推定するのが，ロックエバル法である[68]（図6-4)．炭化水素の発生量が最大を示す温度（T_{max}）も，熟成指標として使われる．

広く利用されているロックエバル法であるが，有機物含有量や岩石の鉱物組成によっても，その分析値が変化する事実がみつかってきた[69]．まだ確立された評価法とはなっていない．

有機物の熟成度をしらべるのは，有機物の被った温度

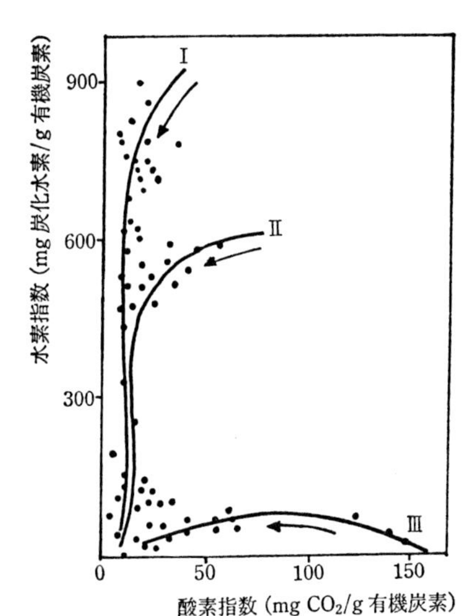

図 6-4　ロックエバル法によるケロジェンの分類と熟成度評価（文献[68]をもとに筆者が改変作図）

履歴を知り，ケロジェンが炭化水素を生成するのに十分な有機熟成作用を受けてきたか否かを，判定するためである．熟成度の評価法は，ロックエバル法をはじめとして，多数提案されている．以下に，主なものを紹介する．

ビトリナイトの反射率（vitrinite reflectance）から熟成度を推定する方法は，熟成度評価法の中でもっとも信頼性が高いとされ，広く用いられている．ビトリナイトとは，高等植物の木質部に由来する石炭の組織名である．有機熟成作用の進行にともない，その反射率が増大する事実は，古くから石炭組織学で明らかになっていた[48]．ビトリナイトは，微量ながらケロジェン中にも存在し，やはり有機熟成作用の進行にともない，その反射率が増大する（図 6-5）．この反射率を指標として，熟成度を推定する方法が，ビトリナイトの反射率法である．

現在もっとも信頼性が高いビトリナイトの反射率であるが，その研究が進むにつれて，いろいろな問題点も指摘されている[71]．たとえば，ビトリナイトと一括されて

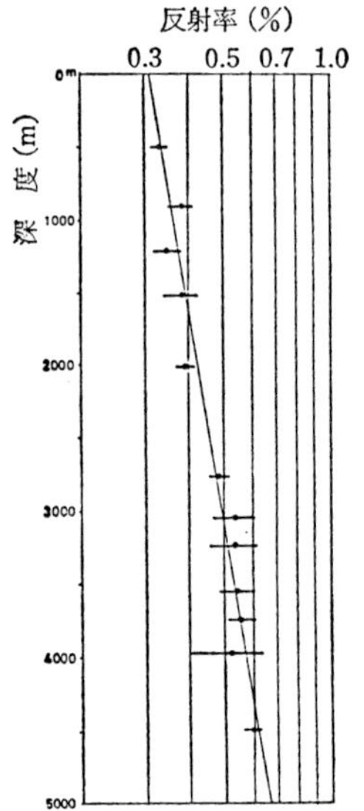

図 6-5　埋没深度にともなうケロジェン中のビトリナイトの反射率の変化——基礎試錐「浜勇知」の例——[70]

いるものの中にも，根源物質に差があり，そのため，同一熟成度でもかなり乱れた反射率の値を示すことがある．とくに，有機熟成度の低い，カタジェネシス中期以前，ビトリナイトの反射率（R_0）で0.7％以下の段階では，その傾向が強いといわれている．

植物の胞子・花粉・葉に由来する石炭組織，**エクジナイトの蛍光性**（fluorescence of exinite）を，熟成指標に利用する方法も研究されている[72,73,74]．エクジナイトの蛍光スペクトルを測定すると，その強度や極大ピークの波長などが，熟成度と相関を示す．有機熟成作用の進行につれて，蛍光は徐々に弱まり，メタジェネシスの段階では，消滅する（図6-8）．ビトリナイトの反射率の信頼性が低い低熟成度領域では，将来重要な評価法となる可能性がある．

岩石に含まれる花粉（pollen）や胞子（spore）の化石の炭化度（色調）から，熟成度を推定することもできる．有機熟成作用の進行にともない，花粉や胞子の色調は，生物顕微鏡下で，黄色→橙色→褐色→黒色へと変化する[40,75]．この色調変化を指標とするもので，**“Thermal Alteration Index**（熱変質指標）”とよばれる[76]．同一熟成度でも，種類により，花粉や胞子の色調は，微妙に異なる．そのため，産出年代が広く，多産する属，たとえば*Pinus*（マツ），の色調が，測定対象となる．

ケロジェンの化学構造から，熟成度を推定する方法もある．有機熟成作用の進行につれて，ケロジェン中の種々の結合（chemical bond）が切断されると，徐々に不対電子（unpaired electron）が，ケロジェン中に蓄積される．この不対電子の状態を測定するのが，電子スピン共鳴（Electron Spin Resonance，略してESR）である．電子スピン共鳴からは，フリーラジカル濃度・線幅・g値の3つのシグナルがえられる．これらは，有機熟成作用の進行にともない，それぞれ図6-6のように変化する．これらのシグナル，とくにフリーラジカル濃度を利用して，ケロジェンの熟成度を推定するのが，**“ESR―ケロジェン法”**である[64]．熟成度だけでなく，ケロジェンの型の相違によっても，シグナルに差が生じるので，ケロジェンの根源物質を吟味して，利用しなければいけない．

ケロジェンの化学構造，とくに芳香族化の程度をしらべるために，核磁気共鳴（Nuclear Magnetic Resonance，略してNMR）を利用することもある[77]．核磁気共鳴とは，原子核のスピン共鳴スペクトルから，物質の化学構造を分析するものである．まだ研究例は少ないが，**プロトン―核磁気共鳴におけるスピン―格子緩和時間**（^{1}H-NMR T_1）は，有機熟成作用のよい指標になるとされている[78,79]（図6-7）．

ケロジェン中の各種官能基（functional group）の量

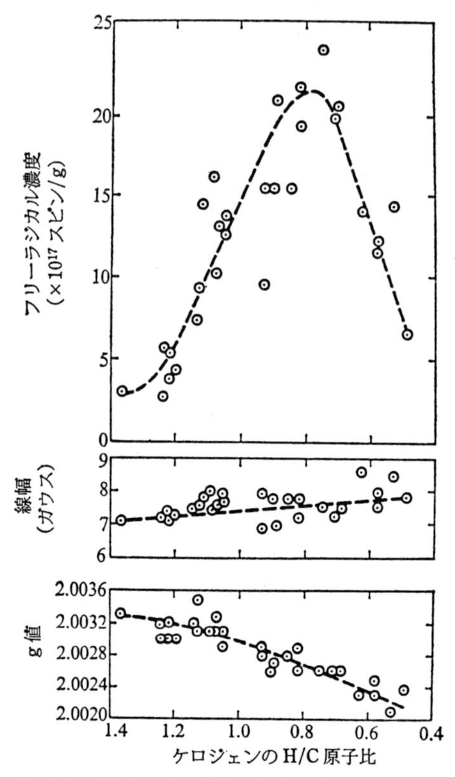

図 6-6 電子スピン共鳴にみられるケロジェンの有機熟成作用[32)]

を，**赤外吸収スペクトル**で測定して，熟成度をしらべる方法もある．とくに脂肪族鎖・C＝O・芳香族の各吸収帯の強度変化は，有機熟成作用を敏感に示す[80,81,82,83)](図3-15)．しかし,ケロジェンの型によっても,吸収帯の強度は異なるので，型の相違に注意しなければならない．

ビチューメンを利用した熟成度評価法も，いろいろ提案されている．たとえば，3-4で先に述べた**n-アルカンのCPI値**は，1960年代からよく利用されている指標である．さらに，ガスクロマトグラフィー質量分析装置(gas chromatography-mass spectrometry) の発達にともない,ごく微量の有機化合物の分析が可能となった．これを利用して,ナフテン系炭化水素の**ステラン** (ster-

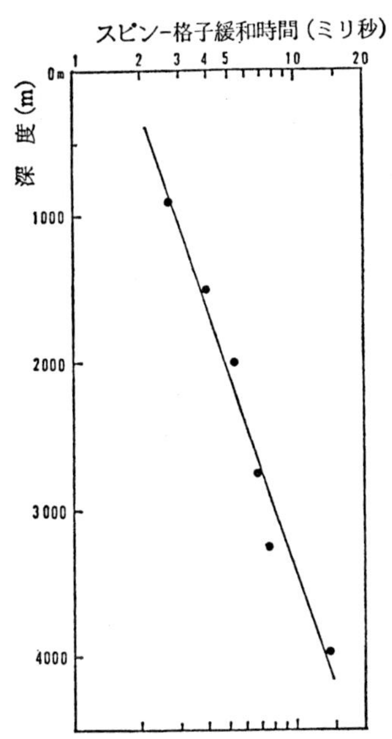

図 6-7　核磁気共鳴のスピン—格子緩和時間（T_1）にみられるケロジェンの有機熟成作用——基礎試錐「浜勇知」の例——[79)]

ane）**やトリテルパン**（triterpane）**の構造異性体組成**等を，熟成度指標として使う研究も増えてきた[6)]（図3-10）.

しかし，巨大高分子であるケロジェンと異なり，ビチューメンは岩石中を移動するので，ほかの場所で生成されたビチューメンが混入している可能性がある．そのため，ビチューメンを対象とした熟成度評価法だけで，根源岩評価することは危険である．

ケロジェンを対象とした熟成指標間の対比．および石油生成との関連を，図6-8に示す．図中で左端に **"LOM"** と書かれているのは，"Level of Organic Metamorphism（有機熟成レベル）" の略である．これは，Hood ほかの人たちにより新しく提唱された，有機熟成度を示すスケールである[46)]．ニュージーランドの白亜系〜第三系の層序において，非埋没状態を "0" に，

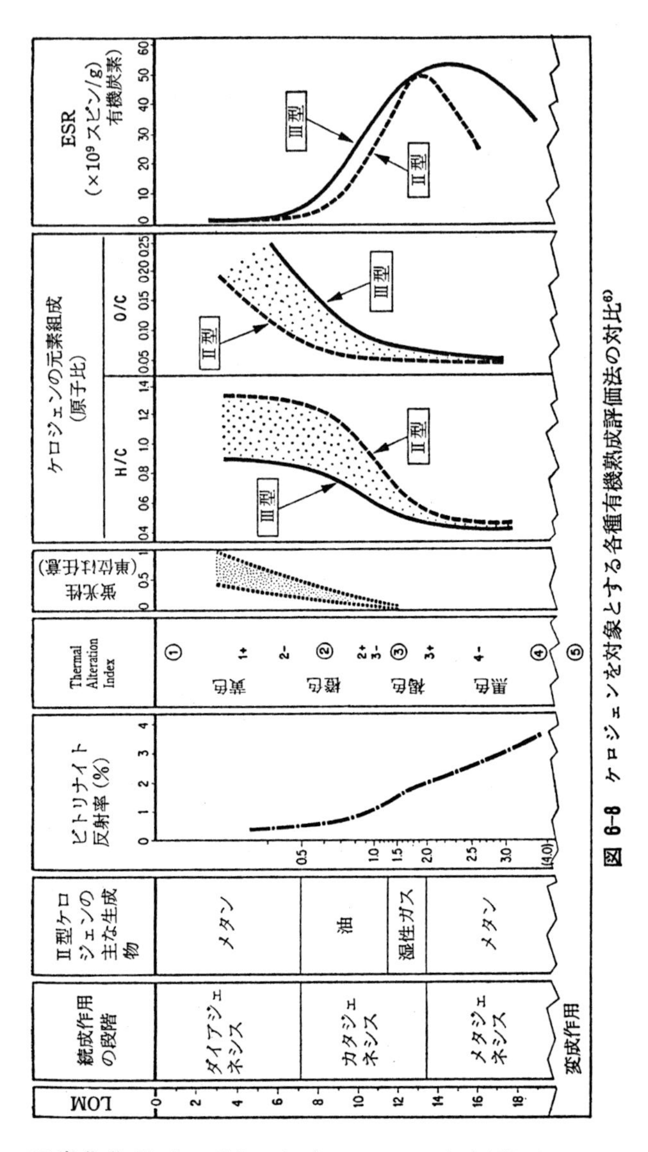

図 6-8　ケロジェンを対象とする各種有機熟成評価法の対比[6)]

石炭化作用（coalification）における無煙炭（anthracite）とメタ無煙炭（meta-anthracite）の境界を“20”として，その間を機械的に20等分して，スケールとしたものである。

単独で完全な石油根源岩評価法は，まだみつかっていない．いくつかの方法を組み合わせて，総合的に石油根源岩を評価することが，現在では肝要である．

c．石油—石油および石油—根源岩の対比（oil-oil and oil-source rock correlation）

産出層準のことなる2種以上の石油が同一の根源岩に由来するのか否か，また石油がどの根源岩から生成されたのか，を判断する調査である．したがって，対比の指標には，各種の石油間で変化に富み，しかも石油の移動・変質であまり変化しないものが選ばれる（表6-3）．中でも，生物指標とよばれる，ポーフィリン・イソプレノイド・ステラン・トリテルパンなどの微量成分（図3-2，3-3参照）が，対比によく利用される．

石油—根源岩の対比には，根源岩中のビチューメンと石油を対比する方法と，根源岩中のケロジェンと石油を対比する方法がある．前者は，石油—石油の対比と同じように多数の指標で対比できるが，根源岩中のビチューメンは，他の岩石から混入してきた可能性がある．また，

表 6-3　石油—石油および石油—根源岩の対比指標[12)]

	対比指標	内容	対象
原油中の特定成分	軽質炭化水素（C_4~C_8）	三角ダイアグラム，成分比パターン	原油—原油
	重質炭化水素（C_{15+}）	飽和炭化水素のガスクロマトトレース，生物指標，芳香族炭化水素の炭素数分布	原油—原油，原油—根源岩
	重質非炭化水素	ベンゾチオフェン	原油—原油
	同位体	$^{34}S/^{32}S$，$^{13}C/^{12}C$	ガス—ガス，ガス—原油，原油—原油，原油—根源岩
	ケロジェン熱分解	分解生成ガスのガスクロマトトレース	ガス—根源岩
	微量金属元素	V，Ni	原油—原油
原油全体	赤外吸収スペクトル	スペクトルの形	原油—原油
	旋光分散	旋光度	原油—原油，原油—根源岩
	原油一般性状	比重，粘度，蒸留曲線など	原油—原油

後者は，異質の有機物を比較するため，対比指標は同位体比などに限定される欠点がある．

分析装置の発達により，対比の技術は格段と進歩したが，まだ完全に確立された対比法はない．したがって，できるだけ多くの対比指標を用いて比較・検討し，総合的に解釈しなければならない．

6-4　試錐

地質学的探鉱，物理探鉱および地化学的調査により，石油鉱床発見の可能性ありと総合的に判断された場合，それを直接確かめるために，試掘井（wildcat または exploratory well）が掘削される．また，試掘井の掘削以前に，地質層序や地下構造の解明のために坑井を掘削することもある．これは，直接地下深部のデータを集めることを目的とする．

このように，地中に坑井（井戸）を掘ることを試錐（しすい）(drilling または boring）という．以下に，各種試錐を説明する．

a．層序試錐（stratigraphical drilling）

探鉱対象地付近で，地層の露出がわるいことがある．とくに地下深部の地質層序が明らかでない場合に，それを知る目的で，坑井を掘削する．これを，層序試錐とよぶ．

層序試錐は，地層の欠如が少なく，堆積物が厚く発達している地点で，なるべく深く，できれば基盤岩まで掘るのを原則とする．

予察的な坑井であり，探鉱の初期に，1坑〜数坑掘削するのが普通である．

b．構造試錐（structural boring）

岩石をおおう土壌が厚いとか，地形的障害のために，地表地質調査が困難なことがある．とくに地質構造が不明確な場合に，それを知る目的で坑井を掘削する．これを構造試錐とよぶ．

構造試錐は，掘削深度の浅い坑井（通常1,000m以浅）を，1列～数列並べて，何坑かずつ掘るのが一般的である．

地震探鉱の精度が向上したため，近年では構造試錐はあまり掘削されなくなった．

c．試掘（exploratory drilling）

各種探鉱が実施された後に，石油鉱床が期待されるトラップ構造に対して，坑井を掘削する．これを，試掘とよぶ．鉱床のあるなし，鉱床の規模などを直接確かめることが目的である．

試掘井は，坑井地質調査・物理検層（geophysical well logging）・地化学検層（geochemical well logging）により，綿密にしらべられる．

物理検層とは，ケーブルの先端に種々のセンサーを取り付け，それを坑井内に降下させる．そのとき，センサーが感じる種々の物理量を，連続的に計測するものである．物理検層には，電気検層（electric logging）・音波検層（acoustic logging または sonic logging）・放射能検層（radioactivity logging）などがある．物理検層により，岩相・孔隙率・含油率・地層の傾斜などの垂直的変化を，知ることができる．

地化学検層とは，泥水（でいすい）検層（mud logging）ともよばれて，その測定項目は，20種類以上におよぶ（表6-4）．坑井掘削中に，坑底から地表へ循環してくる掘削泥水や掘屑中に含まれる油やガスを検知して，石油鉱床の存在の徴候をとらえることを主目的とする．

これらの調査・検層の後，その結果を総合的に解析する．そして，石油鉱床の存在が期待される場合には，試掘井に**産出テスト**（production test）が実施される．産出テストにより，坑内温度，流体の物理的・化学的性質，油とガスの量比などが判明する．以上の結果により，試掘井から経済的に十分な石油が産出する，と判断されれば，試掘は成功ということになる．また，不成功に終わった場合には，その原因をつきとめて，次の段階では成功するように，探鉱方針を修正しなければならない．試掘井でえられた地下深部の種々のデータは，次の段階の石油探鉱にも，役立てられる．

石油探鉱およびそれ以降の手順の一例を，図 6-9に示す．

表 6-4　泥水検層の測定項目[12]

マッドガス測定	掘削泥水の性状測定
カッティングガス測定	泥水比重
	泥水温度
掘削データ測定	泥水導電率
深度	硫化水素
掘進率	泥水蛍光分析
テーブル回転	
テーブルトルク	岩質調査
フックロード	地質記載
ビット荷重	炭酸塩岩の同定
ポンプストローク	頁岩密度
ポンプ圧力	蛍光反応
ケーシング圧力	コア試験
フローレート	
ビットレベル	産出流体分析
ラグタイム	

まとめ

地下に存在する石油鉱床を探し当てる調査を，石油探鉱とよぶ．石油探鉱は，使う手法により，地質学的探鉱・物理探鉱・地化学的調査に区分される．石油鉱床は，非常に複雑な過程を経て形成されているので，多くの探鉱法を実施し，各種探鉱法によりえられた結果を，総合的に解釈しなければいけない．

探鉱調査により石油鉱床存在の可能性が高い場合や，地下の層序や地質構造がほかの方法では推定困難な場合に，地中に坑井を掘る．これを試錐とよび，直接地下からえられた試料・資料は，十分に調査・分析され，次の段階の生産や探鉱のために役立てられる．

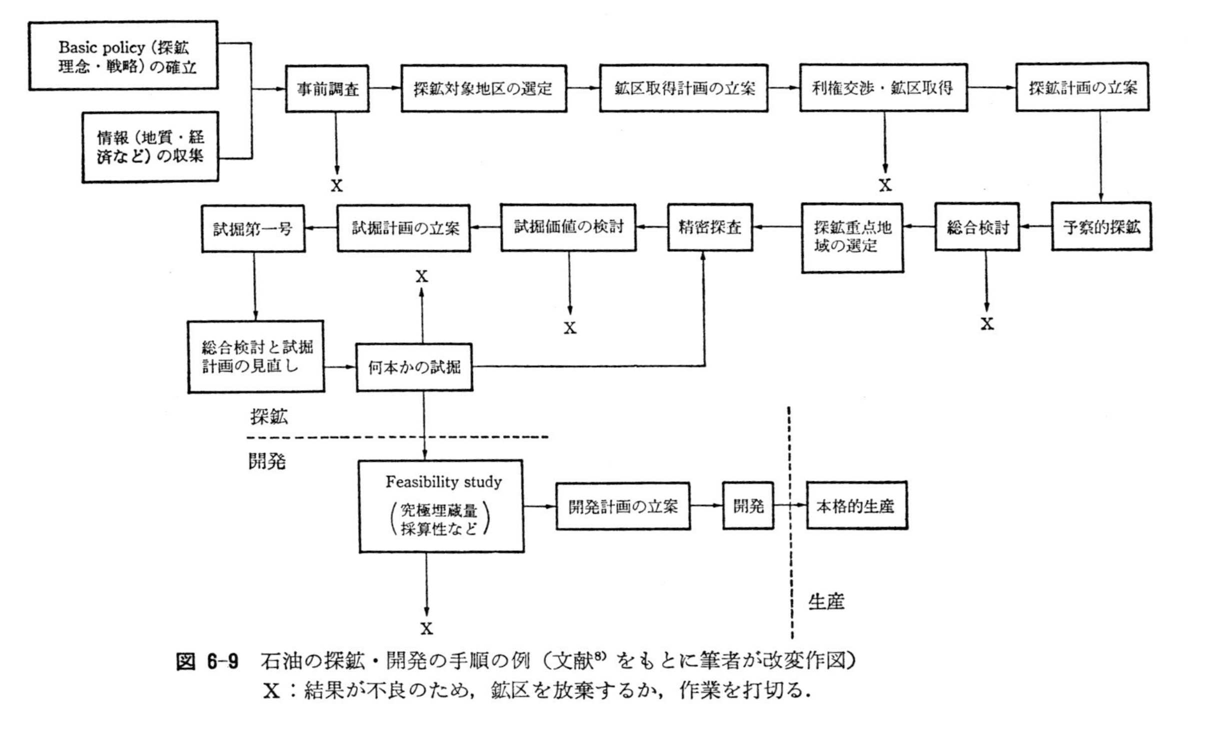

図 6-9　石油の探鉱・開発の手順の例（文献[8]をもとに筆者が改変作図）
X：結果が不良のため，鉱区を放棄するか，作業を打切る．

7章　石油の開発と生産

試掘が成功すれば，その石油鉱床の規模などをしらべて，実際に石油をくみ上げ，さらに製品として供給するまでの計画を立てなければならない．これら一連の作業を，石油開発（petroleum development）とよぶ．

開発が終われば，いよいよ実際に石油の生産（petroleum production）ということになる．

7章では，石油の開発と生産について，概説する．

7-1　開発

試掘井の産出テストにより，稼行にたる量の石油が発見されると，次にはその油・ガス相がどこまで広がっているかを，調査しなければならない．そのために掘る坑井を，**評価井**（appraisal well）または**探掘井**（outpost well, extention well または delineation well）とよぶ．

評価井を掘削する目的は，油・ガス相の連続性と集油範囲を，確かめることである．したがって，評価井は複数坑掘られる．評価井掘削の中でも，目的とする油・ガス層の部分では，コア試料が集中的に採集され，詳細な調査が進められる．

このような作業により，油・ガス相の分布範囲・全容積・孔隙率・水飽和率などを推定する．さらに，これらの値から，地下に賦存する石油量，すなわち埋蔵量を，算出することができる．また，石油の性質・圧力・浸透率などから，坑井の産出能力が計算できる．そして，この石油鉱床が，採算のとれる規模であることがわかれば，これらのデータをもとにして，適正な生産量を決定する．

石油生産の方針が固まれば，その方針にそって，坑井の数・密度・配置および回収法が決定される．さらに，これらの坑井を掘削するための基地，集油や製品の積み出しなどの設備も決定される．

石油開発計画は，実際には技術的要素のほかに，経済的要素・政治的要素も加味されて決定される．技術的要素の中では，坑井の配置と仕上げ・回収法・生産量が，とくに重要である．

7-2　生産

石油開発計画が決定されれば，いよいよ地下の石油鉱床から，油やガスを地表へくみ上げることになる．これを，採油（oil production）とか採ガス（gas production）とよぶ．

さらに，採収した石油には，いろいろな異物が混入している．これらの異物を取り除き，石油を製品化してゆく過程を，生産システム（production system）とよぶ．

a．採油・採ガス

採油・採ガスの方法は，その手段に人工のエネルギーを直接利用するか否かにより，一次回収と二・三次回収に分けられる．

（1）一次回収

油・ガス層は，未採収の状態においては，石油を自然に排出するエネルギーを有している．この自然の排出エネルギーを利用して，石油を生産することを，一次回収または一次採収（primary recovery）とよぶ．

自然の排出エネルギーとしては，

①トラップ頂部のガスキャップ（ガス相）の膨張力，

②油相中に存在する溶解ガスの膨張力，

③油田水の押し上げる圧力，

がある（図 7-1）．

したがって，油層の一次回収では，ガスキャップの圧力を保存するため，ガス相に坑井を掘削することはなく，

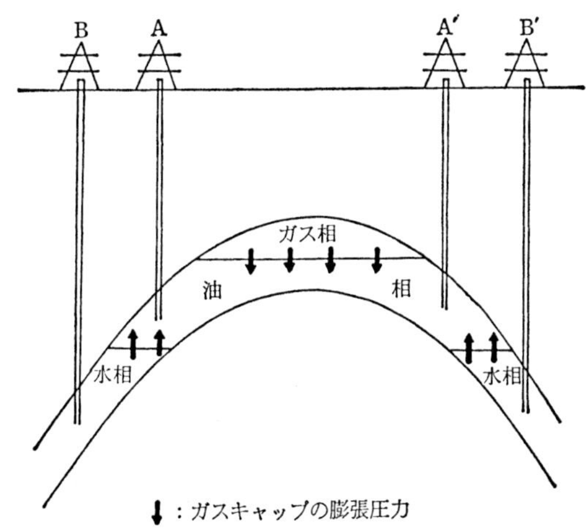

図 7-1　石油の採収

油相部に坑井を掘る（図7-1のAとA′）.

油・ガス層の圧力が高く，浸透率も大きいと，石油は坑井内の流体を押し上げて，地上まで噴出する．これを，自噴（flowing）という．自噴のエネルギーを利用した採油方法を，**自噴採油**（oil production by flowing）とよぶ．

排出エネルギーが弱まり，自噴が停止した坑井や，はじめから油・ガス層の圧力が低い坑井では，坑井内にポンプを設置して，石油をくみ上げる．これを，**ポンプ採油**（oil production by pumping）とよぶ．

また，自噴の停止した坑井内にガスを圧入し，自噴と同様に採油する方法もある．これを，**ガスリフト採油**（oil production by gas lift）とよぶ．ガスの圧力と，ガス泡が石油の中に入り込むために生じる石油の比重低下を利用する．

しかし，採ガスの場合には，自噴以外の方法は，適用できない．

一次回収により採収できる石油の量は，油井では埋蔵量の20～30%，最大でも70%である．ガス井では，埋蔵量の70～80％である[13,84].

(2) 二・三次回収

油層の場合，一次回収だけでは，貯留岩内の石油の半分以上はくみ上げられず，貯留岩中に残ってしまう．そこで，人工のエネルギーを油層に加えて，石油の回収率を高めることを，二次回収または二次採収（secondary recovery）という．二次回収が終了しても，まだ油層内に石油が残っていることも多い．この石油をさらに回収するのが，三次回収(tertiary recovery)とよばれる方法である．二・三次回収は一括して強化回収(enhanced recovery または improved recovery）ともよばれる．

図7-1のBやB′の位置から，水相に向けて坑井を掘り，そこから水を圧入する．そして，油相と水相の境界面（oil-water contact）を押し上げる二次回収法を，**水攻法**（water flooding）という．圧入する水は，貯留岩の孔隙をふさいだり，油を変質させないために，浮遊物や溶存酸素を除去し，バクテリアの殺菌をしたものでなければならない．水攻法は，もっともよく利用される二次回収法である．しかし，回収率は，一・二次回収を合わせても，50％までしか増大しない[12].

ガスキャップや油相へ，炭化水素や二酸化炭素のガスを圧入して，回収率を上げる方法を，**ガス圧入法**（gas injection）という．ガス相と油相の境界面（gas-oil contact）を押し下げたり，ガスが油に溶け込み流動性が増大するのを利用して回収する．

油層内の原油の一部を燃焼させて，その熱で原油の粘性を低下させ，流動性を高めて，回収率を上げる方法を，**火攻法**(fire flooding)という．火攻法は，油層内燃焼法ともよばれ，粘性の高い重質油には，とくに効果がある．

地上の水蒸気発生装置から発生した水蒸気を，油相へ圧入して，回収する方法を，**水蒸気圧入法**（steam flooding）という．原油の粘性を下げ，流動性を増大させて回収する．

油層中の原油と圧入した流体との間に混和性（miscibility）を形成させ，流動性を高めて，回収率を上げる方法を，**ミシブル攻法**（miscible drive）という．圧入流体としては，液化石油ガス（LPG），メタン，二酸化炭素などが使われる．

界面活性剤などの薬剤を圧入し，油層内の孔隙に油を捕えている界面張力（interfacial tension）を弱める．または，油を押し上げる水の粘性を上げて，原油の流動性を高める．このようにして，回収率を上げる方法を，**化学攻法**（chemical flooding）という．化学攻法は，150℃を超える高温の油層では実施できないが，粘性の低い原油には，もっとも期待される回収法の１つである．

このように，二・三次回収法は種々考案されているが，どんな油田にも有効である万能な方法はない．原油の性質，原油を排出するエネルギーの種類，圧入流体の供給など諸条件を考慮して，その坑井にあった回収法を，選択しなければならない．適切な二・三次回収法の採用により，原油の回収率は，20～30％，最大60％も増加する．

二次回収は，一次回収で油田が老朽化した後におこなうよりも，比較的早い時期から実施したほうが，効果は大きい．

原油生産に効果のある二・三次回収ではあるが，経済性の問題から十分に実施はされていない．もっとも進んでいるアメリカ合衆国ですら，二・三次回収による原油生産量は，全生産量の約10％，世界全体では，わずかに３％といわれている[99]．

b．生産システム

石油を実際に採収する坑井を，**採収井**または**生産井**（production well）とよぶ．

主として生産するものにより油井（oil well），ガス井（gas well），ガス－コンデンセート井（gas-condensate well）とよばれることもある．

採収井は，油・ガス田の全域にわたり，適切な間隔で配置される．

採収井からは，生産物である原油と可燃性天然ガスに混じり，水・硫化水素・炭酸ガス・窒素ガス・砂・粘土などが産出する．これらの不純物が石油に混ざっていると，商品価値は低下する．それだけでなく，貯蔵や輸送の間に，生産設備に腐食・破損・径づまりなどを生じさせてしまう．不純物の除去などにより，油・ガス層から産出した石油を製品化してゆく過程が，生産システムである．

生産システムには，次のような4つの機能が要求される[12)]．

①多数の採収井から回収した産出物を，生産プラットフォームとよぶ処理基地に集める．

②原油と天然ガスを分離して，さらにそれらから水などの不純物を取り除く．

③坑井の管理や油層の解析に必要なデータをえる．

④原油・天然ガスを，需要地へ輸送する．

まとめ

石油探鉱により石油鉱床の存在が確認されると，その規模をしらべたり，製品化して石油を供給するまでの計画を立てる．これを石油開発といい，開発が終われば，石油生産がいよいよはじまる．

石油生産をおこなうに当たりもっとも重要なことは，どの回収法を適用するかである．油田の場合には，採用した回収法により，生産量に大きな差がでてくる．

産出した石油を製品化する生産システムには，商品化の機能と，坑井管理の機能が要求される．

8章　石油資源の将来

現在地球上に存在する石油の量が有限であることはまちがいない．したがって，このまま石油の消費が続けば，必ず石油の涸渇するときがくる．

8章では，まず埋蔵量の定義と石油資源の偏在について記す．つぎにこれからの石油資源を考えるということで，全世界の石油埋蔵量の推定，それから算出される石油の涸渇する時期，そして将来の石油資源としてのオイルサンド，オイルシェール，ガスハイドレートについて述べる．

8-1　埋蔵量の定義

貯留岩内に存在する石油の量を，地表状態での体積に換算したものが，埋蔵量，資源量または鉱量(reserves) とよばれるものである．

生産以前に貯留岩中に存在している油やガスの総量を，**原始埋蔵量**（original oil in place または original gas in place）という．そのうちで，人類が経済的・技術的に採収できる量を，**究極埋蔵量**（ultimate reserves）または**可採埋蔵量**（recoverable reserves）とよぶ．

究極埋蔵量のうち，すでに探し出した量を**既知埋蔵量**(discovered reserves)，まだ発見していない量を**未発見埋蔵量**（undiscovered potential reserves または unproved reserves）という．

既知埋蔵量のうち，すでに生産を終えた量を**累計生産量**（cumulative production)，まだ生産していない量を**確認埋蔵量**（proved reserves）とよぶ．

未発見埋蔵量のうち，試掘段階に入っており，地質学

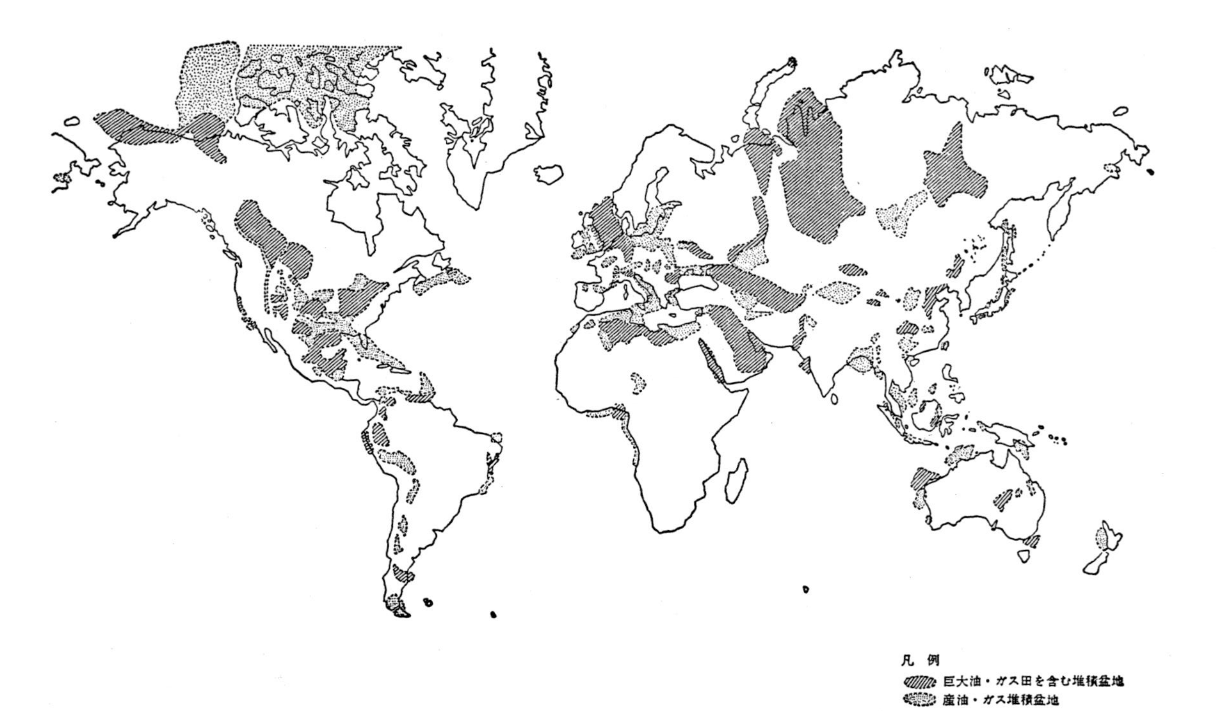

図 8-1 世界の石油産出堆積盆地[85]

表 8-1　埋蔵量に関する用語体系[12)]

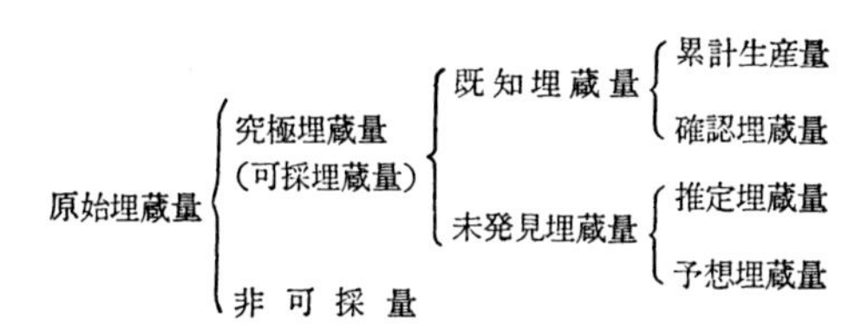

的にみて賦存が推定されるものを**推定埋蔵量**（probable reserves または inferred reserves）という．まだ試掘されていないトラップ構造だが，周囲の地質学的資料から産出が予想されるものを**予想埋蔵量**（possible reserves）という．

埋蔵量に関する用語体系を，表 8-1に示す．埋蔵量に関する用語の使い方は，研究者間でまだ不統一である．同一用語を違った内容に使用したり，同一の内容を違った用語で表わす混乱がある．早期に用語が統一されることが望まれる．

8-2　石油資源の偏在

現在または過去において，原油を生産している地域を油田（oil field），同様に天然ガスを生産している地域をガス田（gas field）という[3)]．

油・ガス田は，図 8-1に示すように，世界各地に分散している．世界中には，油田だけでも41,000以上が存在するといわれる．このうち，究極埋蔵量が5億バーレル(bbl)*以上の巨大油田（giant oil field）が523存在し，それだけで全埋蔵量の67%を占有する．

さらに，その中で埋蔵量が50億 bbl 以上の超巨大油田（super-giant oil field）は47しか存在しないが，その埋蔵量は全体の44.5%に達している[85,107)]．

したがって，油・ガス田の地理的分布は，世界的に分

* 1 bbl は，158.987 l に相当する．

表 8-2 世界の大油田（埋蔵量15億バーレル以上）[13]

順位	油田名	国	発見年	究極埋蔵量×10^6バーレル	順位	油田名	国	発見年	究極埋蔵量×10^6バーレル
1	Ghawar	サウジアラビア	1948	76, 432	31	Hassi Messaoud N.	アルジェリア	1956	5, 638
2	Burgan	クエート	1938	66, 000	32	Damman	サウジアラビア	1938	5, 322
3	Kirkuk	イラク	1927	16, 320	33	Uzen	カザフ	1961	5, 255
4	Safaniah	サウジアラビア	1951	15, 442	34	Arlan	ロシア	1955	4, 585
5	Khafji	中立地帯	1961	15, 422	35	Tia Juana	ベネズエラ	1928	4, 495
6	Samotlorskoye	ロシア	1965	14, 600	36	Zubair	イラク	1948	4, 342
7	Romashkino	ロシア	1948	14, 000	37	Amal	リビア	1959	4, 237
8	Rumaila	イラク	1953	13, 835	38	Nasser	リビア	1959	4, 165
9	Abqaiq	サウジアラビア	1940	12, 478	39	Lama	ベネズエラ	1957	4, 143
10	Gach Saran	イラン	1937	11, 435	40	Sabriyah	クエート	1957	4, 000
11	Marun	イラン	1963	10, 887	41	Statfjord	ノールウェー	1974	3, 900
12	Lagnillas	ベネズエラ	1926	10, 488	42	Pazanan	イラン	1961	3, 521
13	Agha Jari	イラン	1936	10, 044	43	Wafra	中立地帯	1953	3, 504
14	Salym	ロシア	1963	10, 000	44	Paris	イラン	1964	3, 134
14	Fereidoon-Marjan	イラン・サウジ	1966	10, 000	45	Gialo	リビア	1961	3, 109
14	大慶	中国	1959	10, 000	46	Poza Rica	メキシコ	1930	3, 009
17	Prudhoe Bay	アメリカ	1968	9, 609	47	Novo-Elkhovskoye	ロシア	1951	3, 000
18	Ahwaz	イラン	1958	9, 130	47	勝利	中国	1962	3, 000
19	Qatif	サウジアラビア	1945	9, 075	47	大港	中国	1964	3, 000
20	Bibi Hakimeh	イラン	1961	8, 585	50	Malgobek-Voznesensko-Aliyurt	ロシア	1915	2, 970
21	Sarir	リビア	1961	8, 334					
22	Raudhatain	クエート	1955	7, 700	51	Dukhan	カタール	1940	2, 884
23	Minas	インドネシア	1944	7, 297	52	Masjid-e-Suleiman	イラン	1908	2, 870
24	Bachaquero	ベネズエラ	1930	6, 637	53	Ust-Balyk	ロシア	1961	2, 847
25	Abu Sa'fah	サウジアラビア	1963	6, 619	54	Haft Kel	イラン	1927	2, 632
26	Khurais	サウジアラビア	1957	6, 400	55	Rag-e Safid	イラン	1964	2, 595
27	Berri	サウジアラビア	1964	6, 086	56	Khursaniyah	サウジアラビア	1956	2, 542
28	East Texas	アメリカ	1930	6, 000	57	Bu Hassa	アブダビ	1962	2, 516
29	Reforma-Chiapas-Tabasco-	メキシコ	1974	5, 800	58	Amal	エジプト	1968	2, 500
30	Hassi Messaoud S.	アルジェリア	1956	5, 754	59	Balakhany-Sabunchi-Ramany	ロシア	1896	2, 400

60	Wilmington	アメリカ	1932	2,379
61	Tuymazy	ロシア	1937	2,300
62	Brent	イギリス	1971	2,250
63	Umm Shaif	アブダビ	1958	2,249
64	Zelten	リビア	1959	2,200
65	Idd El Shargi	カタール	1960	2,118
66	Duri	インドネシア	1941	2,020
67	Zakum	アブダビ	1964	2,000
67	Comodoro Rivadavia	アルゼンチン	1907	2,000
67	Mansuri	イラン	1963	2,000
67	Minagish	クエート	1959	2,000
67	Gibson	アメリカ	1937	2,000
67	Bibi Eybat	アゼルバイジャン	1871	2,000
73	Murban Bab	アブダビ	1954	1,974
74	Forties	イギリス	1970	1,800
75	Pembina	カナダ	1953	1,785
76	Mamontovo	ロシア	1965	1,752
77	Midway Sunset	アメリカ	1894	1,645
78	Shkapovo	ロシア	1953	1,640
79	La Paz	ベネズエラ	1925	1,637
80	Intisar"A"	リビア	1967	1,634
81	Sovetskoye	ロシア	1962	1,625
82	El Morgan	エジプト	1965	1,618
83	Fateh	ドバイ	1966	1,604
84	Cabimas	ベネズエラ	1917	1,603
85	Yates	アメリカ	1926	1,599
86	Sassan	イラン	1966	1,542
87	Ekofisk	ノルウェー	1970	1,520
88	Wasson All	アメリカ	1936	1,509

散しているが，その埋蔵量には，著しいかたよりがみられる．究極埋蔵量が15億 bbl 以上の大油田88個をみると，中東地域38，旧ソ連14，アフリカ10，北米9，中南米8，ヨーロッパ4，中国3，インドネシア2，と圧倒的に中東地域が多いことに気づく（表8-2）．

地域別石油埋蔵量をみれば，石油資源の地理的偏在が，よりはっきりする（表8-3）．全世界の究極埋蔵量のうち，原油では32％が中東地域に，天然ガスでは46％が旧ソ連に，それぞれ集中している．中東地域に旧ソ連，北米を合わせると，その埋蔵量は，原油で全埋蔵量の68％，天然ガスで80％を占有することになり，これら3地域への石油資源の極端なかたよりが認められる．

石油の生成・移動・集積・保存の各条件にもっとも適した地域が，中東地域・旧ソ連・北米ということになる．

8-3　埋蔵量の推定

世界全体の原始埋蔵量や究極埋蔵量を推定することは，

表 8-3 地域別の石油埋蔵量（文献[85]に筆者が加筆）

（単位：油100万バーレル，ガス10億ft³）

	① 既知埋蔵量(1983. 1. 1)		② 未発見埋蔵量		③＝①＋② 究極埋蔵量		④ 累計生産量(1982末)	
	油	ガス	油	ガス	油	ガス	油	ガス
アジア(中国,ソ連を除く)	35,700	158,900	25,600	156,100	61,300	315,000	17,700	36,000
大洋州	3,600	28,300	4,000	25,600	7,600	53,900	1,800	5,000
中東	501,900	861,700	136,200	301,000	638,100	1,162,700	132,600	92,000
北アフリカ	59,800	165,300	40,800	216,400	100,600	381,700	23,700	21,000
西南アフリカ	32,000	56,100	35,200	65,700	67,200	121,800	10,300	11,000
東アフリカ	0	0	1,200	2,800	1,200	2,800	0	0
西欧，北海	30,500	251,700	32,300	223,600	62,800	475,300	7,600	95,000
中米	58,300	100,900	72,200	103,400	130,500	204,300	10,000	25,000
南米	79,400	137,300	38,400	146,400	117,800	283,700	49,200	22,000
アメリカ	161,600	819,000	101,600	749,400	263,200	1,568,400	131,800	615,000
カナダ	17,800	141,000	46,200	634,700	64,000	775,700	10,800	44,000
旧ソ連	137,100	1,450,000	243,100	3,327,700	380,200	4,777,700	74,100	210,000
東欧	7,600	37,000	6,400	15,100	14,000	52,100	5,000	23,000
中国	27,500	36,800	42,000	44,700	69,500	81,500	8,000	7,000
世界合計	1,152,800	4,229,500	825,200	6,068,300	1,978,000	10,297,800	482,600	1,206,000

きわめて困難な作業である．その主要な原因は，海洋底やジャングルなどのへき地では，石油探鉱がまだ十分に進んでいないことにある．さらに，石油が戦略物質として政治的に取り扱われ，各国で所有している正確な生（なま）のデータが公表されない点にも，原因の一端はあると思われる．

過去40年間に公表された原油の究極埋蔵量の推定値でも，それらの値の間には大きなひらきが存在する（表8-4)．1960年以降は，2兆bbl前後の推定値が，多くなってきている．しかし，この値もまだ十分信頼できるとはいいきれない．

2007年に石油鉱業連盟が報告した原油の究極可採埋蔵量は3兆380億bblである．そのうち確認埋蔵量は1兆1138億bbl(36.7%)，累計生産量は1兆196億bbl(33.6%)，残り9046億bbl（29.8%）が未発見埋蔵量と推定されている[108]．

一方，石油天然ガスの究極埋蔵量は，原油以上に推定が難しく，各推定値の間には，大きな差が存在する（表8-5）．これは，天然ガスの探鉱・開発が，原油よりもさらにおくれているためである．

2007年に石油鉱業連盟が報告した天然ガスの究極可採埋蔵量は1京5515兆立方フィート（ft^3）である．そのうち確認埋蔵量は6137兆 ft^3（39.6%），累計生産量は3625兆 ft^3（23.4%），残り5753 ft^3（37.1%）が未発見埋蔵量と推定されている[108]．

8-4　石油の可採年数

あと何年先まで石油の生産が可能かは，確認埋蔵量を年間生産量で割れば，算出できる．この値を，可採年数(ratio of reserves to production または R/P ratio）とよぶ．

ブリティッシュペトロリアム社（BP）の発表[109]によ

表 8-4　世界の原油の究極埋蔵量についての推定値[95]（単位：10億バーレル）

発表年	発　表　者	究極埋蔵量	発表年	発　表　者	究極埋蔵量
1942	ブラット，ウィークスおよびステビンガー	600	1968	シェル石油	1,800
			1968	ウイークス	2,200
1946	デュース	400	1969	ハッバート	1,350～2,100
1946	ボーグ	555	1970	ムーディ	1,800
1948	ウイークス	610	1971	ワーマン	1,200～2,000
1949	レボオセン	1,500	1971	ウイークス	2,290
1949	ウィークス	1,010	1975	ムーディおよびガイガー	2,000
1953	マックノオトン	1,000	1977	世界エネルギー会議	2,193
1956	ハッバート	1,250	1978	CIA	2,300
1958	ウイークス	1,500	1979	ウッド	2,200
1959	ウイークス	2,000	1979	ハルプティおよびムーディ	2,128
1965	ヘンドリックス	2,480	1979	ルールダ	2,400
1967	ライマン	2,090	1983	マスターズほか	1,718

* 1 ft^{3}は，28.317 l に相当する．

ると，2008年の全世界の確認埋蔵量は原油で1兆2580億bbl，天然ガスで6534兆ft^3，年間生産量は原油で288億bbl，天然ガスで108兆ft^3である．したがって，可採年数は原油で42.0年，天然ガスで60.4年となる．

可採年数は，新しい油・ガス田の発見や回収技術の向上で延び，年間生産量の増加で短くなる．よって，上記の42.0年と60.4年というのは，固定したものではない．

しかし，見つけやすい油・ガス田はすでにほとんど発見されており，現在ではより発見しにくい油・ガス田のみが，残っている状態となっている．しかも，残されている未探鉱地域の大部分は，開発・生産の困難なへき地や海洋である（図8-1）．中東地域に存在するような巨

表 8-5　世界の石油天然ガスの究極埋蔵量についての推定値[85]　（単位：兆ft^3）

発表年	発　表　者	究極埋蔵量
1956	アメリカ内務省	>5,000
1958	ウイークス	5,000～ 6,000
1959	ウイークス	6,000
1965	ウイークス	7,200
1965	ヘンドリックス	15,300
1967	ライマン	12,000
1967	シェル石油	10,200
1968	ウイークス	6,900
1969	ヒューバート	8,000～12,000
1971	ウイークス	7,200
1973	コパック	7,500
1973	ヒューバート	12,000
1973	リンデン	10,400
1975	モービル石油	7,000～ 8,000
1975	ナショナル科学アカデミー	6,900
1975	アダムスおよびカークビー	6,000
1977	ガス技術研究所（IGT）	9,200～ 9,600
1977	世界エネルギー会議	8,700
1978	マコーミックほか	10,500
1979	アイヤーホフ	6,950
1980	ウッド	>8,400
1980	シティーズ・サービス社	>9,690
1980	タッカーおよびティムス	10,200
1981	ネーリング	5,000～ 6,500

大油田が，これから容易に数多く発見されるとは，考えにくい．新しい油田の発見による確認埋蔵量の大幅な増加は，あまり期待できないであろう．

そこで，確認埋蔵量を増加させるためには，石油回収率の向上にも努めなければならない。現在，石油回収率は，世界平均でわずか25％といわれている[56]．二・三次回収法の技術を進歩させて，平均回収率を40％にまで引き上げることができれば，それだけで確認埋蔵量は1.6倍にも増大する．しかしながら，石油回収率の引き上げも，思うにまかせない現状である．

現在，可採年数を引き延ばすためのもっとも効果のある方法は，石油の消費を抑制して，生産量を減少させることである．石油に代わる次期エネルギー資源の開発・生産は，まだ確立していない．確立するまでは，石油の効率良い利用を押し進めて，できる限り石油の可採年数を延ばさなければならない．

いずれにしても，現状では，石油の寿命はあと何十年かであり，22世紀まで持ちこたえることは，きわめて困難である．

8-5　将来の石油資源

現在のような油・ガス田の開発・生産と，石油の消費が続くのであれば，近い将来の石油・天然ガスの涸渇は避けられない．すると，経済的・技術的理由で，現在は採収されていない石油資源を，将来開発・生産することも考えられる．

その主な対象となるのは，オイルサンド（oil sand），オイルシェール（oil　shale）およびガスハイドレート（gas hydrate）である．これらの石油生産量は，まだ微々たるものであり，開発・生産技術のより一層の発達が，現在期待されているところである．

a．オイルサンド

オイルサンドは，油砂とかタールサンド（tar sand）ともよばれる．粘性の非常に高いビチューメンを含んだ砂・粘土・水などから構成される．このビチューメンは，粗原油とよばれ，一般に比重0.985以上で，きわめて重い．粗原油は，アスファルト分を主成分として，硫黄分と重金属の含有量が高い．粗原油に含まれている炭化水素は，一般にペンタン（C_5H_{12}）以上の高分子である．

オイルサンド鉱床は，中生代から第三紀にかけてのデルタ環境で堆積したものが大部分である（表8-6）．

オイルサンド鉱床の成因としては，

①地下の浅所で形成されて，有機熟成作用が十分に進んでいないため，まだ油・ガス田になっていない（未熟成説）．

②地殻変動により地表付近にもたらされた石油鉱床が，天水などの影響で軽質分を失った（変質説）．

の2説がある．

原始埋蔵量は，主要鉱床だけで約2兆bblと見積もられており，その半分の1兆bblあまりがベネズエラに賦存する．また，カナダのアルバータ州にも，8,900億bblが賦存しており，両者で全体の92%を占める（表8-6）．

オイルサンドは，石油資源としては，近年になりやっと注目されるようになってきた．しかし，その採収法は，

表 8-6　世界の主要なオイルサンド鉱床[12]

（単位は10億バーレル）

国　名	原始埋蔵量	堆積環境	主な地質年代
ベネズエラ	1,050	デルタ	中新世
カナダ	890	デルタ	後期白亜紀
旧ソ連	144	デルタから非海成	カンブリア紀，デボン紀
米国	27	デルタ	二畳紀，始新世
マダガスカル	2	デルタ	ジュラ紀
合計	2,113		

半世紀以上も前から検討されている．一次回収は経済的に不可能であり，外部から人工的エネルギーを加えて，採収しなければならない．

オイルサンドから石油を回収する方法には，
①地上に掘り出した後，抽出により粗原油を分離する地表採掘法．
②地下で，加熱により粗原油の流動性を高めて，原油の二次回収法を利用して，坑井から採収する *in-situ* 法．
の2通りがある．

前者は，比較的地表に近い地層を対象とし，2005年カナダでは日産60万bblの商業生産に利用されている[108]．しかし，露天掘りをするために，大規模な環境破壊を招くことが多い．

後者は，比較的深い（150m以深）地層を対象とし，2005年カナダでは日産40万bblの商業生産に利用されている[108]．

b．オイルシェール

オイルシェールは，油(母)頁岩ともいわれ，"有機物を含有し，乾留により多量の石油を生成する頁岩"と定義されている．一般には，その中でも，頁岩1トン(t)当たり40 *l* 以上の油分を，乾留により回収できるものをいう[2,3]．含まれるケロジェンは，I型かII型を示す．

オイルシェールの正体は，埋没深度が浅く，有機熟成作用が十分に進まず，石油生成にまでいたらなかった石

表 8-7　各国のオイルシェールに含まれる石油の原始埋蔵量[84]

（単位：億バーレル）

国名	原始埋蔵量	国名	原始埋蔵量
アメリカ	20,002	中国	279
ブラジル	8,008	タイ	8
旧ソ連	1,126	モロッコ	6
ザイール	1,006	オーストラリア	3
カナダ	440	その他	102
イタリア	350	合計	31,330

油根源岩，と考えられる．オイルシェールは，古生界から新生界まで，世界各地に広く分布している．その原始埋蔵量は，石油換算で約3.1兆 bbl あまりと見積もられる．そのうちの 64%が米国に，26%がブラジルに賦存している（表 8-7）．しかしながら，経済的に採収可能な究極埋蔵量は，原始埋蔵量の約 10%，0.34兆 bbl に過ぎない[84]．

オイルシェールから乾留により回収される石油を，頁岩油（shale oil）という．1 bbl の頁岩油を回収するためには，1～2 t のオイルシェールが必要である．したがって，地表採掘で露天掘りをする場合には，大量のオイルシェールを掘り出さなければならず，大規模な環境破壊を生じる危険性がある．また，地下の坑内や地層内で乾留などにより採油する方法も検討されてはいるが，まだ実験段階である．

オイルシェールは，新しい石油資源として，近年注目を集めており，開発意欲も高まっている．しかし，採掘・乾留などの技術開発がまだ十分に進んでおらず，実際に生産しているのは，中国の撫順，米国のロッキー山地など十指に満たない．

c．ガスハイドレート

気体を籠状の結晶構造（図 8-2）に取り込んでいる氷の塊は，ガスハイドレート（gas hydrate）とよばれる．ガスハイドレートは，シベリヤやカナダの永久凍土地帯や大陸縁辺の深海海底下に主に分布し，そのシャーベット状のガスハイドレートが含む気体の 95%以上はメタンである[102]．

メタンに飽和したガスハイドレートの場合，1 気圧 0 °C の状態で，水 1 l に 217 l のメタンが取り込まれる．したがって，ガスハイドレートに取り込まれているメタンの量は膨大なものであり，全世界では，天然ガスの究極埋蔵量を上回る2,000兆 m^3（7 京 ft^3）との見積もりも

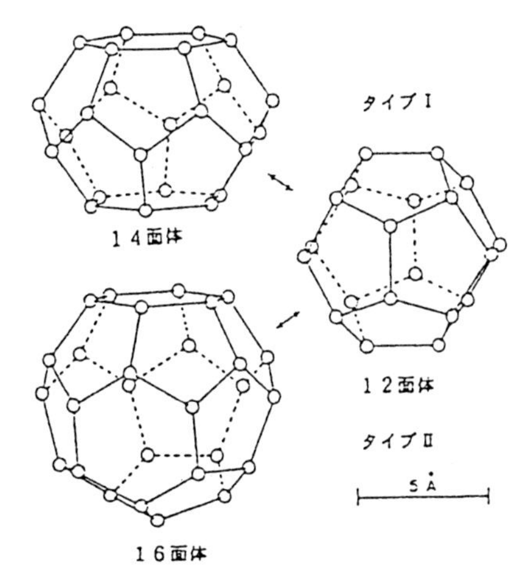

図8-2　ガスハイドレートを構成する水分子の3種類の籠の基本型

ある[103]．

また，地下に存在するガスハイドレート直下では，温度上昇にともなうハイドレートの分解が認められ，その結果生じたメタン等のガスが，フリーガス層とよばれる大規模なガス田を形成することもある[103]．

ガスハイドレートの探鉱・開発・生産には，従来石油に対して利用されてきた方法をそのまま適用することはできず，現在はまだ研究段階である．しかし，メタン埋蔵量の膨大さから考えて，ガスハイドレートは，21世紀の有望な石油資源である．

まとめ

石油の埋蔵量に関する用語は，数も多く，その内容も人により異なることがある．

人類が経済的にも技術的にも採収できる石油の埋蔵量は，原油で約2兆bbl，天然ガスで約1京ft^3(10,000兆ft^3）と推定される．しかし，これらの値，とくに天然ガスの値の信頼性は，あまり高くない．石油の埋蔵量は，世界的にみるときわめて偏在しており，中東地域・旧ソ連・北米に多い．

石油の可採年数は，発見量と消費量のほかに，石油回収率にも左右されるが，その寿命が22世紀までもちこたえることは困難であろう．

将来の石油資源として，オイルサンド，オイルシェール，ガスハイドレートは有望であるが，開発・生産技術がまだ確立されていない．

9章　日本の石油資源

この章では，日本国内における石油資源の開発・生産の歴史と，油・ガス田の分布について，概説する．

9-1　石油生産量の歴史的変遷

わが国での石油に関する記録は，意外に古い．紀元666年に越の国（現在の北陸地方）より，“燃える土と燃える水”が，天智天皇に献上された，ということにはじまる．また，石油の利用ということでは，1645年に新潟県三条市に，最古の記録が残っている．現在では大面油田とよばれている地域（図9-6）で，井戸を掘ったところ，油とガスが噴出した．この油を竹筒で屋内に引いて，灯火や炊事に利用したとされている[86]．

原油生産量が記録されているのは，明治7年（1874年）が一番古く，その年生産量は555キロリットル（kl）であった．生産油田は，新潟県の新津・尻瀬・頸城，静岡県の相良の各油田である．その後，新潟県の東山・宮川・西山，北海道の軽舞などの油田が，つぎつぎに発見されて，明治37年（1904年）には，原油生産量は20万klを超えるまでになった（図9-1）．

明治45年（1912年）には，米国で開発されたロータリー式掘削機が，わが国にも導入された．その結果，深度が1,000mを超す坑井も掘れるようになった．生産量も飛躍的に増大して，大正4年（1915年）には47.1万klに達した．この値は，昭和58年（1983年）の国内生産量47.5万klと肩を並べるものである．中でも，秋田県の黒川油田R.5号井は，大正3年（1914年）5月25日に，日産1,800klという空前の大噴油記録を打ち立てた．

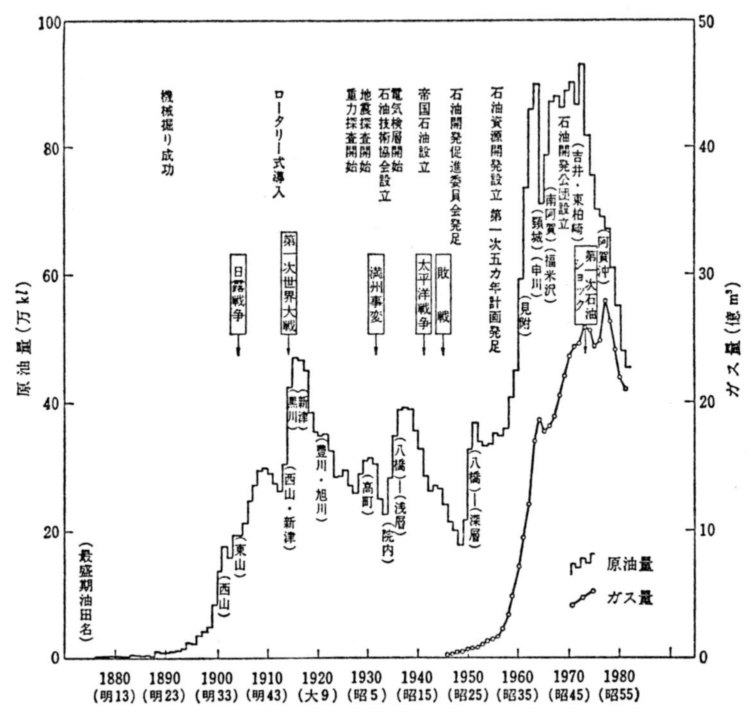

図 9-1 国産原油・天然ガスの生産量の推移[85)]

大正期に入ると軍事上からも石油資源の確保が重要となった．しかし，大規模な油田の発見はない．また，安価な外国産原油の輸入攻勢も加わり，大正５年（1916年）以降，原油生産量は減少し続けた．大正末期には，生産量はついに30万 kl を割るようになり，輸入原油量を下まわった．

昭和に入ると，わが国は戦時態勢をとり，労働事情は悪化して，資材不足が起きるようになった．そのような中でも，昭和10年（1935年）には，秋田県の八橋（やばせ）油田の発見により，年生産量が40万 kl 近くまで達した．しかし，その後は，生産量が思うように伸びず，昭和20年代前半まで，20万 kl 台で低迷を続けた．

戦後の石油探鉱は，昭和21年（1946年）に策定された石油開発５カ年計画からはじまる．組織的かつ広範な地質調査を実施することにより，新しい油・ガス田の発見が続いた．とくに，八橋油田の深部層で発見された油層は大規模であり，そのために昭和26年（1951年）の生産量は37万 kl と，戦前の水準にまで回復した[88]．

昭和30年（1955年）からは，新たに国の第一次石油資源開発５カ年計画が開始されて，国内石油資源の組織的探鉱が進められた．その結果，新潟県の見附，秋田県の申川などの油田が新たに発見され，生産量は順調に伸びた．昭和38年（1963年）には，年生産量が，89.8万 kl に達するようになった．

その後，生産量は，昭和47年（1972年）の93.1万 kl をピークにして，以後急激な減少を示している．

この原因としては，

①探鉱が進み，国内で新油田を発見することが難しくなった．

②探鉱深度が深くなり，ガス田が多くなった．

③多くの生産油田が，最盛期を過ぎて，老朽化した．

などが，あげられる[85,87]．

原油の生産と輸入に関する統計[104]によれば，昭和40年代後半（1970年）以降，国内産原油の生産量は，原油輸入量のわずか0.2～0.4%に相当するに過ぎない．平成３年（1991年）では，原油輸入量2.39億 kl に対し，国内原油生産量は94.6万 kl，輸入量の0.4%に相当する[105]．

天然ガスの生産量は，大正５年（1916年）から記録が残っており，原油生産量と類似のカーブを描いている（図 9-1）．大正年間には，生産量は1,400～3,800万m^3の間を推移していた．しかし，昭和に入ると，生産量は徐々に増大して，昭和28年（1953年）には，１億 m^3を突破するようになった．

昭和37年（1962年）には，天然ガスの探鉱を大きく取りあげた第二次石油開発５カ年計画が策定・実施された．その前後には，新潟県の東新潟・関原・中条・藤川などのガス田が，あいついで発見されて，生産量は驚異的な伸長を続けた．さらに，昭和40年代に入ると，新潟県の吉井・東柏崎両ガス田などの，深度2,500〜3,000m級の深部ガス鉱床が，つぎつぎに発見された．そして，昭和52年（1977年）には，年生産量が28.0億m^3という記録をつくった．

しかし，翌昭和53年（1978年）より，生産量は急激な減少を示している．生産ガス田の老朽化が，その主な原因と推定されている[87,88]．

平成3年（1991年）の天然ガス生産量は，21.7億m^3である[105]．これは国内消費量（526億m^3）の4％に相当する．

9-2　油・ガス田の分布

過去に石油を採収したことのある地域を，産油地帯（petroleum province）という．わが国の主要産油地帯は，北海道道央地域・東北日本海沿岸グリーンタフ地域・東海地域である（図9-2）．

以下に，主要産油地域を中心にして，油・ガス田の分布について概説する．

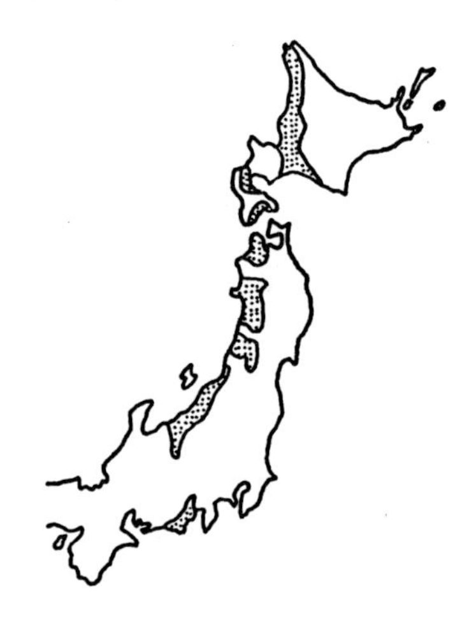

図 9-2　わが国の主要産油地帯

a．北海道道央地域

本地域は，日高山脈と石狩—苫小牧低地帯にはさまれた地域である．この地域には，海成の新第三系が，層厚数千mにわたり，厚く堆積している．

北海道開拓使の招きで来日したLyman, B.S.（1835—1920年）により，明治5年（1872年）に，わが国でもっとも早く石油調査がなされたところである．しかしながら，探鉱の歴史は古いが，今までに発見された油・ガス田は，いずれも小規模なものである．最大の石狩油田でも，原油の累計生産量は，16.2万 kl にしかなっていない．しかも，油・ガス田は，天北・石狩・勇払の各地域に偏在している（図9-3）．貯留岩は，上部中新統の稚内層・盤の沢層・増幌層などである．

昭和45年（1970年）から58年（1983年）までに，北海

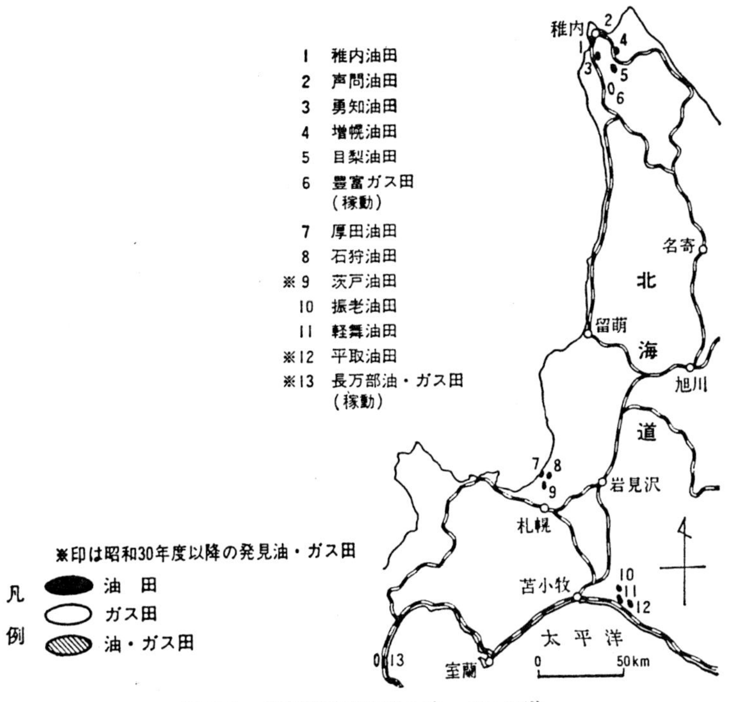

図 9-3　北海道道央地域の油・ガス田[12)]

道には70坑の試掘がなされたが，稼行にたる油・ガス田は，発見されなかった[88]．その後も探鉱は続けられ，昭和60年(1985年)に，札幌の北東，南金沢でガス田が発見されたが，まだ開発にはいたっていない[106]．探鉱対象は，新第三系から，より深部の古第三系・白亜系にまで，拡大されている．

b．東北日本海沿岸グリーンタフ地域

本地域は，北は北海道渡島半島から，南は長野県北部にいたる．そこには，新第三系のいわゆる“グリーンタフ層 (Green Tuff)”が厚く堆積している．油・ガス田は，秋田・新潟両県に集中して発見され，両県でわが国石油埋蔵量の70％を占める．

秋田の堆積盆においては，南北系の褶曲が並列して発達し，油・ガス田は，その背斜部に帯状に分布している (図9-4)．埋没深度が浅いためか，大規模なガス田は発見されていない．貯留岩は，砂岩・凝灰岩などからなる．その年代は，中新世の西黒沢(にしくろさわ)層から更新世の脇本(わきもと)層の層準にまでおよぶが，船川(ふなかわ)層・北浦(きたうら)層の層準に集中する (図9-5)．

新潟の堆積盆は構造的に複雑で，東縁に新津(にいつ)—東山(ひがしやま)褶曲帯，中央に弥彦(やひこ)—西山(にしやま)褶曲帯，フォッサマグナと接続する南西部には頸城(くびき)褶曲帯が発達する．主要油田は，すべてこれら褶曲帯の背斜部に分布する (図9-6)．

ガス田は，新期堆積物の厚く発達する新潟平野や長岡付近に分布している．また，吉井(よしい)・東柏崎(ひがしかしわざき)・片貝(かたがい)などのガス田では，七谷(ななたに)層などのグリーンタフ層中から，大規模なガス層を発見している．これらは，有機熟成作用が進行しすぎて，形成された油がさらに熱分解され，ガス化したものと推定される．

油・ガス田の貯留岩は，主に砂岩・溶岩・凝灰角礫岩からなる．その年代は，前期中新世の七谷層層準から更新世の西山(なしやま)層層準にまでいたる (図9-5)．

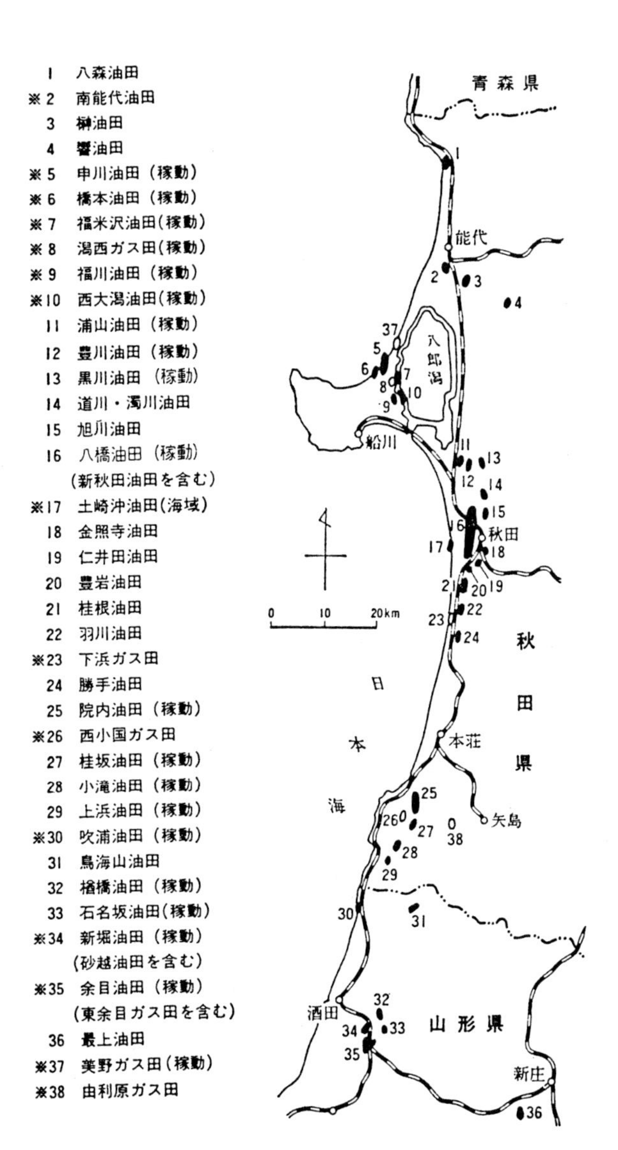

図 9-4　秋田・山形県の油・ガス田[12)]

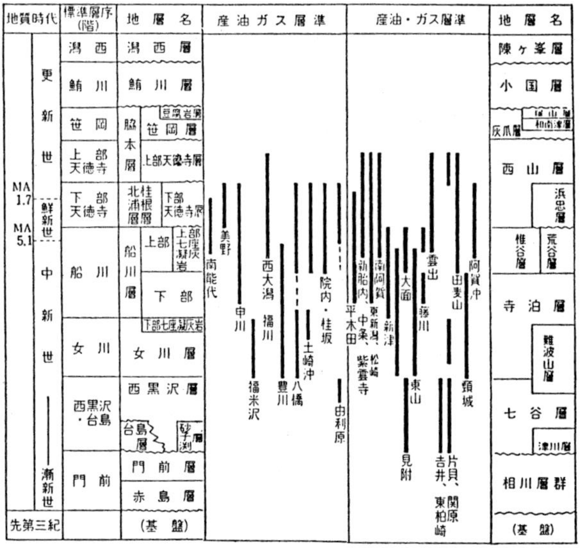

図 9-5 秋田(左)・新潟(右)地域の油・ガス田の産出層準（文献[12]をもとに筆者改編）

表 9-1 日本の主要な油・ガス田の累計生産量と究極埋蔵量[85]

油・ガス田名	累計生産量（昭和57年3月末）			年間生産量（昭和56年度）			究極埋蔵量			
	油（$\times 10^3$ kl）	ガス（$\times 10^6$ m^3）	合計（$\times 10^3$ kl）	油（$\times 10^3$ kl）	ガス（$\times 10^6$ m^3）	計（$\times 10^3$ kl）	油（$\times 10^3$ kl）	ガス（$\times 10^6$ m^3）	合計（$\times 10^3$ kl）	順位
申川・福米沢	1,920	236	2,156	41	2	43	2,127	261	2,388	⑨
八　　橋	5,191	1,165	6,356	18	7	25	5,285	1,204	6,489	③
中条・新胎内	1,045	6,129	7,174	36	221	256	1,134	6,654	7,788	②
東新潟・松崎	1,348	4,101	5,449	33	109	142	1,558	4,683	6,241	④
新津・南阿賀	4,999	694	5,693	29	12	41	5,077	745	5,822	⑥
西　　山	2,960	748	3,708	—	—	—	2,960	810	3,770	⑧
見　　附	1,667	563	2,230	14	5	19	1,699	570	2,269	⑩
吉井・東柏崎	1,991	8,828	10,819	145	627	772	2,593	11,852	14,445	①
頸　　城	1,845	4,044	5,889	14	10	24	1,903	4,076	5,979	⑤
阿　賀　沖	523	2,679	3,202	58	352	410	921	4,711	5,632	⑦

本地域の主要な油・ガス田の累計生産量と究極埋蔵量を，表 9-1に示す．

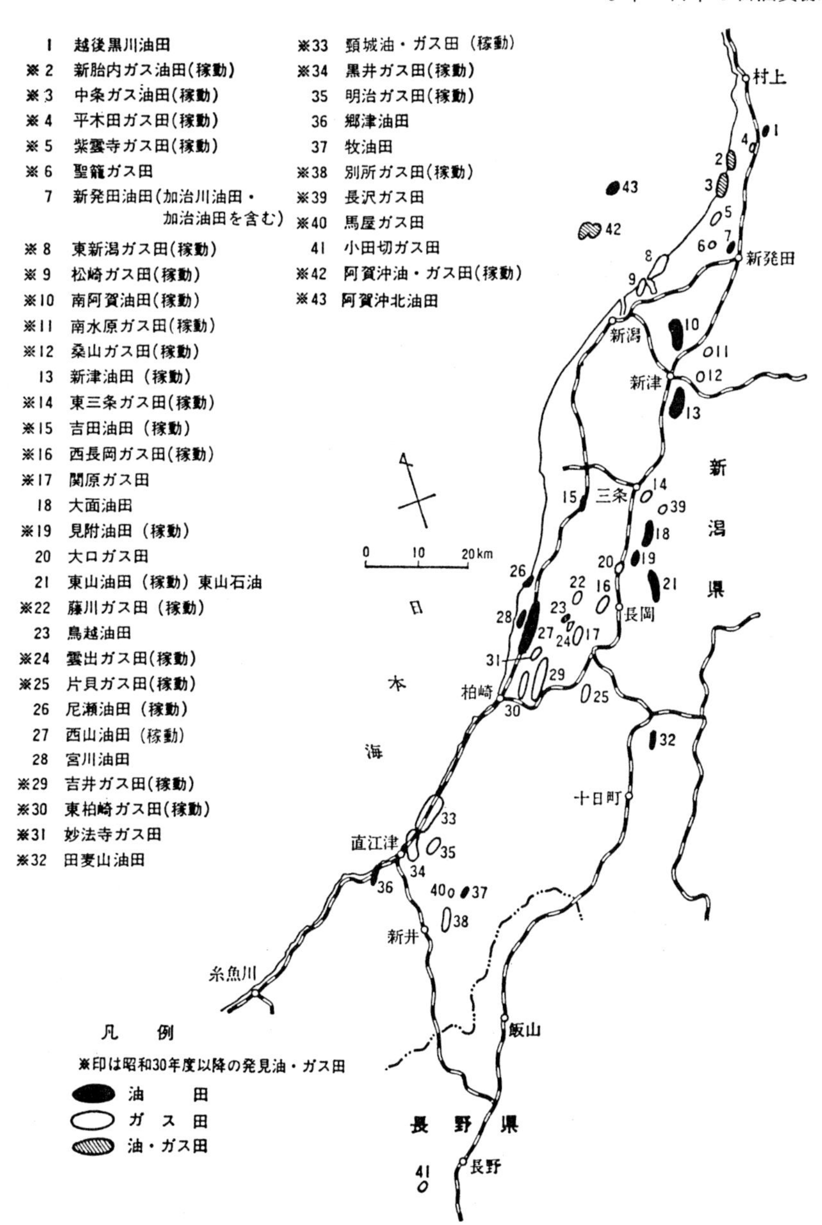

図 9-6　新潟県の油・ガス田[12)]

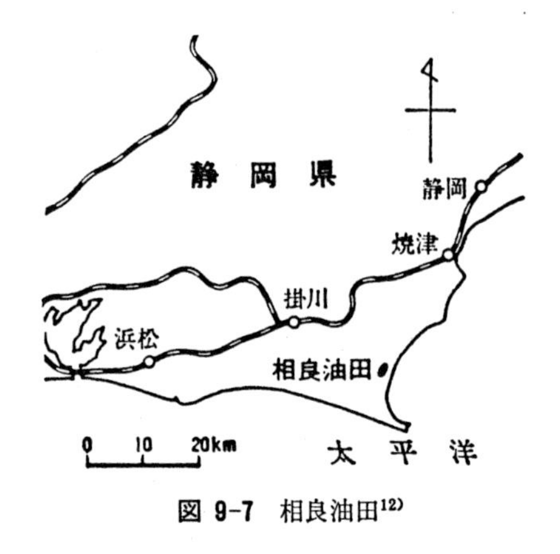

図 9-7 相良油田[12)]

c．東海地域

静岡県御前崎近傍の相良(さがら)油田（図 9-7）は，明治 8 年（1875年）から採油されて，明治末期の最盛期には400kℓの年生産量をあげた．現在は稼行されていないが，累計生産量は約4,600klである．貯留岩は，上部中新統の相良層群の砂岩である．

d．その他の地域

福島・茨城両県の東方，常磐沖には，白亜系・第三系を積成する堆積盆が広がっている．堆積物の層厚は5,000m以上に達して，第三系中には石炭が挟在している．昭和48年（1973年）に，この第三系中に天然ガスが胚胎していることが発見されて，昭和60年（1985年）に生産を開始した．磐城沖(いわきおき)ガス田とよばれているのが，それである（図 9-8）．

ケロジェン起源ではないが，有機物のバクテリアによる分解で発生したメタンが，地層水に溶解して，ガス田を形成することがある．これを，**水溶性天然ガス**（natural gas dissolved in water）とよぶ．水溶性天然ガスの主体はメタンであり（表 9-2），貯留層は鮮新統・更新統の帯水層である（図 9-9）．石油のトラップ構造と

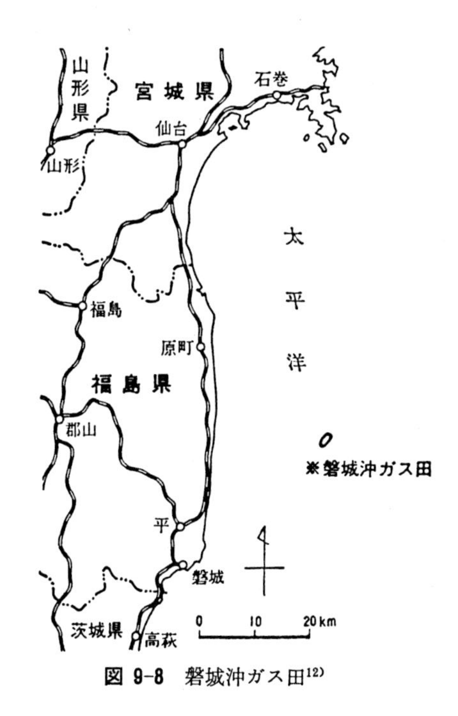

図 9-8　磐城沖ガス田[12)]

表 9-2　水溶性天然ガスの組成[84)]

ガス田		新潟	茂原
組成（体積%）	CH_4	94.6	98.0
	CO_2	3.4	0.5
	O_2	0.1	0.1
	N_2	1.9	1.4
計		100.0	100.0
発熱量（kcal／m³）		9,000	9,300

古地磁気層序	時代	地層名		最大層厚 (m)	岩相	浮遊性有孔虫化石帯	底生有孔虫化石帯
Brunhes Epoch	更新世	成田層群		550	砂，シルト，レキ		*Ammonia*
		上総層群	笠森層	250	シルト質細粒砂岩		*Psedoeponides—Elphidium*
			長南層	180	砂・シルト岩互層		
			柿ノ木台層	100	砂質シルト岩		*Globocassidulina subglobosa*
Matuyama Epoch			国本層	250	シルト岩，砂，シルト岩互層	*Globorotalia truncatulinoides* Zone	Lower kokumoto faumule (*Bulimina aculeata*)
			梅ヶ瀬層	370	砂勝ち砂・シルト岩互層		*Uvigerina akitaensis* / *Bulimina aculeata*
			大田代層	270	シルト勝ち砂・シルト岩互層		*Bolivina*
			黄和田層	800	シルト岩		*Stilostomella lepidula* S. Z. / *Bulimina nipponica*
	鮮新世		大原層	180	砂勝ち砂・シルト岩互層	*Globorotalia tosaensis* Zone	*Bulimina aculeata*
			浪花層	300	砂・シルト岩互層		*Bulimina nipponica*
			勝浦層	350	砂勝ち砂・シルト岩互層 基底レキ岩		(Lower kazusa Mixed faunule) *Melonis pompilioides*, *Bulimina nipponica*.
		豊岡(亜)層群			凝灰質砂岩，泥岩		

図 9-9 水溶性天然ガスの産出層準—南関東の例—[12]

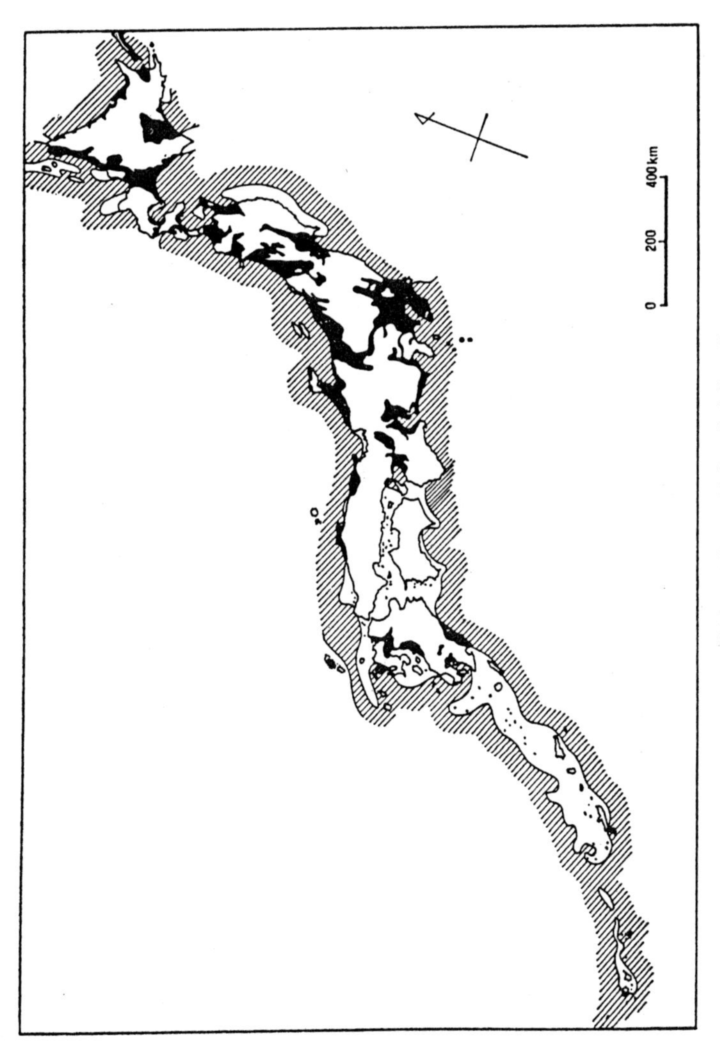

図 9-10　水溶性天然ガス鉱床の分布範囲[12)]

はまったく関係なく，向斜や緩傾斜構造の部分に集積することが多い．

水溶性天然ガス鉱床で稼行にたるものは，世界的にみるとまれで，日本のほかには，イタリアのポー川流域に分布する新第三系中のものが有名である．日本では，ほぼ全国的に分布しており（図9-10），早くから稼行対象とされてきた．とくに，新潟・南関東・宮崎に大きなガス田が分布している（表9-3）．

日本周辺の大陸棚海域に対する石油探鉱は，物理探鉱を中心にして，1950年代からはじまった．1970年代に入ると，試掘もさかんにおこなわれた．1990年までに，160坑あまりの坑井が掘削されたが，そのうちで稼行油・ガス田となったのは，1972年発見の阿賀沖（あがおき）油・ガス田（新潟），1973年発見の磐城沖ガス田，1981年発見の阿賀沖北（あがおききた）油田（新潟），1983年発見の岩船沖（いわふねおき）油田（新潟）だけである[88,89,106]．

表 9-3　主要な水溶性天然ガス鉱床[12]　（1981年末現在）

ガス田又は地域名	新潟	南関東		佐土原
		九十九里	東京湾沿岸・内陸	
都県名	新潟	千葉	千葉・東京・神奈川	宮崎
発見年	1926	大多喜 1931 茂原 1934	東京 1951 川崎 1951	1972
事業者数	7	8	7	1
累計生産ガス量 (1,000m³)	3,619,966	8,453,852	951,341	34,652
平均日産ガス量 (1,000m³)	222	1,163	76	14
採ガス井数	88	700	26	35
採収層位	西山層上部〜沖積層（主として魚沼層群・灰爪層上部）	上総層群中・下部（梅ケ瀬層〜勝浦層）	上総層群（主として国本層以下）	宮崎層群（主として本庄川層上部・佐土原部層，都於郡部層）

まとめ

わが国における石油の生産は，本格的には明治に入ってからおこなわれた．その生産量は，技術的な要因のほかに，社会情勢によっても影響を受けてきた．原油・天然ガスともに，1970年代なかばに，その生産量はピークを迎え，以後急激な減少を示している．

わが国の産油地帯の中では，東北日本海沿岸グリーンタフ地域，中でも秋田・新潟両県に，油・ガス田は集中している．両県でわが国の全石油埋蔵量の70％を占める．

特異な石油鉱床である水溶性天然ガスは，新潟・南関東・宮崎に大きなガス田が存在する．

参考文献

石油地質学をさらに詳しく理解したいと思う人には，以下の参考書をお勧めする．現在でも利用可能なものを中心にして，年代順に記す．

1．英語で書かれたもの

Levorsen, A.I., 1967 ; **Geology of petroleum** (2nd ed.). 724p. W.H. Freeman and Company, San Francisco

本書は，石油地質学の古典的教科書としての名著である．油層流体として石油をとらえ，貯留岩に焦点を当てて書かれている．具体的に油田の地質図・断面図なども多数載せてあり，石油の移動・集積を理解するには，最適な参考書である．

Hunt, J.M., 1979 : **Petroleum geochemistry and geology.** 617p. W.H. Freeman and Company, San Francisco.

本書は，主に化学的側面から石油を取り扱った石油地化学の教科書である．石油に関連した地球化学的な基礎事項も解説されており，石油についてこれから勉強しようという人には，好適な教科書である．

Tissot, B.P. and Welte, D.H., 1984 : **Petroleum formation and occurrence** (2nd ed.). 699p. Springer-Verlag, Berlin.

本書は，1978年に出版された第一版の増補・改訂版である．著者達は，石油の続成作用後期成因説（ケロジェン根源説）の提唱者であり，その立場から書かれた石油地化学の教科書である．最新のデータも図表化されて盛り込まれており，石油地化学の現状を知るには最適な参考書である．石油成因説の中で現在最有力のケロジェン根源説を理解するためには，必読の書である．

2．日本語で書かれたもの

木下浩二，1973：**石油資源の科学．** 179 p. 共立出版．

本書は，地質学の立場から書かれた石油鉱床学の参考書である．地向斜を中心とする地質構造帯と石油鉱床との関係に，的を絞った内容となっている．

石油技術協会，1973：**日本の石油鉱業と技術．** 430 p.

本書は，1973年当時の日本の石油鉱業を総括したものであり，探鉱・開発・生産の技術進歩が紹介されている．また，1955年以降にわが国で発見された油・ガス田の概要，基礎試錐をはじめとする試錐調査や物理探鉱のデータも，掲載されている．

猪間明俊，1982：**石油開発の技術一大切な石油のやさしい解説一．** 180 p. 石油文化社.

本書は，石油探鉱を中心にして，開発・生産までを，平明な文章で解説している．探鉱現場での具体的なデータなども，多数の図にわかりやすく示されている．石油に興味を持ちはじめた人に，適切な入門書である．

石油学会，1982：**新石油事典．** 973 p. 朝倉書店.

本書は，石油に関する小型百科事典である．石油鉱業のほかに，石油製品，石油化学，環境・防災対策，石油関連の統計なども掲載されている．

石油技術協会，1983：**石油鉱業便覧．** 777 p.

本書は，探鉱・開発・生産のすべてにわたり，1983年当時における最新の石油鉱業技術を中心にして書かれた大著である．簡略ではあるが，石油の生成・移動・集積・変質などの理論，石油関連の統計なども載っている．石油鉱業に関連する人や興味をもっている人には，座右に置いてもらいたい参考書である．

石油学会，1984：**ガイドブック「世界の大油田」．** 539 p. 技報社.

本書は，日本および世界の大油田について，地質・開発と生産・油とガスの性状などの概要を，それぞれの油田ごとに記載したものである．地質図などの図表も適宜挿入されており，外国の油田に関する文献を読むときなどに，便利な参考書である．

石油学会，1988：**暮しの中の石油．** 166 p. 講談社.

本書は，石油鉱業の歴史・探鉱法なども交え，石油製品や石油化学製品がいかに現代社会にかかわっているかを，解説したものである．バイオテクノロジーなどのハイテク時代の石油素材についても記されており，工学的立場から石油をみるには，よい入門書である．

石油技術協会，1989：**石油地質・探鉱用語集．** 314 p.

本書は，石油の探鉱に関係の深い用語，約1,500語を選び出し，その概念を説明したものである．地質学の基本的用語から，外国の堆積盆や石油根源岩・貯留岩まで解説されている．ただ，用語が英語でアルファベット順に掲載されており，しかも索引が英語のみとなっており，日本語で引くことができないのは残念である．

手塚眞知子，1990：**素顔の石油．** 227 p. 裳華房．

本書は，企業で35年以上石油開発に携わってきた著者が，化学者の観点から石油探鉱，開発，生産について，一般読者向けに書いたものである．写真や図も多く，石油業界の裏話等も書かれており，読みやすい．ただ，残念なことは，ほかの研究者の論文や著書から図や表を引用しているのに，その原典を明記していないことである．

天然ガス鉱業会・大陸棚石油開発協会，1992：**改訂版　日本の石油・天然ガス資源．** 520 p.

本書は，第5次（1980～1984年）および第6次（1985～1989年）の「石油資源総合開発5カ年計画」で得られた知見をもとに，わが国全域にわたる石油地質について，新たな観点から再評価したものである．さらに，最近の石油探鉱・開発技術の進展と今後の方向も紹介されている．一般には知ることの困難な試錐の生（なま）データもたくさん掲載されており，わが国の石油地質学を理解するためには，なくてはならない文献である．

田口一雄，1993：**石油はどうしてできたか．** 201 p. 青木書店．

本書は，30年以上にわたりわが国の石油地化学研究の指導的役割を果たしてきた著者が，はじめて著した石油成因論を中心とする本である．石油地質学の一般的な教科書としてではなく，著者自身の唱える石油成因論の開陳に重点を置いて書かれているため，難解な化学式等も多く，まったくの初心者が読みこなすのは困難であろう．ひととおり石油地質学を学んだ人が，最近の問題点を知るのにはよい参考書である．

田口一雄，1998：**石油の成因―起源・移動・集積．** 140 p. 共立出版．

本書は，著者の田口一雄氏の死後，愛弟子の鈴木徳行氏が遺稿をまとめたものである．大学の教養課程・専門課程の学生を対象に，石油の成因について記述したものと，著者は述べているが，反応速度論等の化学的記述が多く地球科学系の学科では大学院生向けが適当ではないかと思う．紙数の7割が石油の起源と成因に充てられており，その内容には先端的研究も含まれている．

引用文献

1) 地学団体研究会(編)，1981：地学事典，1612 p., 平凡社，東京.

2) 岩生周一ほか(編)，1985：粘土の事典，504 p., 朝倉書店，東京.

3) 片山信夫ほか(編)，1970：新版地学辞典 (2). 656 p., 古今書院，東京.

4) Rossini, F.D. and Mair, B.J., 1959 : The work of the API research project 6 on the composition of petroleum. *5th World Pet. Cong. Proc.,* **5,** 223-245.

5) Smith, H.M., 1968 : Qualitative and quantitative aspects of crude oil composition. *U.S. Bureau of Mines Bull.,* 642, 136 p.

6) Tissot, B.P. and Welte, D.H., 1978 : Petroleum formation and occurrence. 538 p., Springer-Verlag, Berlin.

7) Levorsen, A.I., 1967 : Geology of petroleum (2nd ed.). 724 p., W.H. Freeman and Company, San Francisco.

8) 河井興三，1977MS：北海道大学大学院理学研究科特別講義「石油地質学」資料.

9) 青柳宏一，1974：石油貯留岩の堆積岩石学的な評価法とその実例. 石技誌，**39,** 269-278.

10) Miyazaki, H., 1966 : Gravitational compaction of the Neogene muddy sediments in Akita oil fields, northeast Japan. *J. Geosci., Osaka City Univ.,* **9,** 1-23.

11) 木下浩二，1973：石油資源の科学. 179 p., 共立出版，東京.

12) 石油技術協会 (編)，1983：石油鉱業便覧，777 p.

13) 猪間明俊，1982：石油開発の技術―大切な石油のやさしい解説―. 180 p., 石油文化社，東京.

14) 小山忠四郎，1980：生物地球化学―環境科学への基礎と応用―. 258 p., 東海大学出版会，東京.

15) Hunt, J.M., 1979 : Petroleum geochemistry and geology. 617 p., W.H. Freeman and Company, San Francisco.

16) Smith, P.V. Jr., 1952 : The occurrence of hydrocarbons in recent sediments from the Gulf of Mexico. *Science,* **116,** 437-439.

17) Hunt, J.M. and Jamieson, G.W., 1956 : Oil and organic matter in source rocks of petroleum. *Am. Assoc. Pet. Geol. Bull.,* **40,** 477-488.

18) 清水幹夫，1978：惑星の大気. 小沼直樹・水谷仁 (編)；岩波講座　地球科学13巻

太陽系における地球，263-292，岩波書店，東京．

19) Gold, T. and Soter, S., 1980 : The deep-earth-gas hypothesis. *Sci. Amer.,* **242,** 130-137.

20) 田口一雄，1972：石油の成因―生物地球化学的な接近―．科学，**42,** 58-65.

21) 田口一雄，1973：石油の起源―無機・有機成因説に対する批判―．生物科学，**25,** 113-125.

22) 田口一雄，1986：石油の成因(2). *Petrotech.,* **9,** 147-152.

23) 藤田嘉彦，1985：火山岩体石油鉱床の起源，地学雑誌，**94,** 612-619.

24) Robinson, R., 1965：石油の二元的起源．石油学会誌，**8**，15-19，（河井興三訳）．

25) 浅川忠，1979：最近の石油成因論．地学雑誌，**88,** 361-368.

26) Philippi, G.T., 1965 : On the depth, time and mechanism of petroleum generation. *Geochim. Cosmochim. Acta,* **29,** 1021-1049.

27) Albrecht, P., Vandenbroucké, M. and Mandengué, M., 1976 : Geochemical studies on the organic matter from the Douala Basin (Cameroon)—I. Evolution of the extractable organic matter and the formation of petroleum. *Geochim. Cosmochim. Acta,* **40,** 791-799.

28) Tissot, B., Deroo, G. and Hood, A., 1978 : Geochemical study of the Uinta Basin : formation of petroleum from the Green River Formation. *Geochim. Cosmochim. Acta,* **42,** 1469-1485.

29) Bray, E.E. and Evans, E.D., 1965 : Hydrocarbons in non-reservoir-rock source beds. *Am. Assoc. Pet. Geol. Bull.,* **49,** 248-257.

30) 浅川忠，1975：日本の油田地帯におけるノルマルアルカンと石油熟成の関係．石技誌，**40,** 117-126.

31) Tissot, B., Califet-Debyer, Y., Deroo, G. and Oudin, J.L., 1971 : Origin and evolution of hydrocarbons in Early Toarcian shale, Paris Basin, France. *Am. Assoc. Pet. Geol. Bull.,* **55,** 2177-2193.

32) Ishiwatari, R., Ishiwatari, M., Kaplan, I.R. and Rohrback, B.G., 1976 : Thermal alteration of young kerogen in relation to petroleum genesis. *Nature,* **264,** 347-349.

33) Hunt, J.M., 1961 : Distribution of hydrocarbons in sedimentary rocks. *Geochim. Cosmochim. Acta,* **22,** 37-49.

34) Gehman, H.M. Jr., 1962 : Organic matter in limestones. *Geochim. Cosmochim. Acta,* **26,** 885-897.

35) Vassoevich, N.B., Visotski, I.V., Guseva, A.N. and Olenin, V.B., 1967 : Hydro-

carbons in the sedimentary mantle of the earth. *7th World Petr. Cong., Proc.,* **2,** 37-45.

36) Forsman, J.P. and Hunt, J.M., 1958 : Insoluble organic matter (kerogen) in sedimentary rocks of marine origin. *In* Weeks, L.G. ed. ; Habitat of oil, 747-778, Am. Assoc. Petr. Geol., Tulsa.

37) 田口一雄, 1982 : 炭酸塩石油根源岩に関する研究, (1)と(2). 石技誌, **47,** 62-72と85-92.

38) Forsman, J.P., 1963 : Geochemistry of kerogen. *In* Breger, I.A. ed. ; Organic geochemistry, 148-182, Macmillan Company, New York.

39) 田口一雄, 1975 : 最近の石油成因論—続成作用後期成因説の再抬頭—. 石技誌, **40,** 8-23.

40) Durand, B.(ed.), 1980 : Kerogen—Insoluble organic matter from sedimentary rocks—, 519p. Editions Technip., Paris.

41) Tissot, B., Durand, B., Espitalié, J. and Combaz, A., 1974 : Influence of nature and diagenesis of organic matter in formation of petroleum. *Am. Assoc. Pet. Geol. Bull.,* **58,** 499-506.

42) Dow, W.G., 1977 : Kerogen studies and geological interpretations. *J. Geochem. Expl.,* **7,** 79-99.

43) Connan, J., 1974 : Time—temperature relation in oil genesis. *Am. Assoc. Pet. Geol. Bull.,* **58,** 2516-2521.

44) Ujiié Y., 1986 : Contact-metamorphic effect on parameters for kerogen maturation. *Org. Geochem.,* **9,** 375-378.

45) Hood, A. and Castaño, J.R., 1974 : Organic metamorphism : Its relationship to petroleum generation and application to studies of authigenic minerals. *U.N. ESCAP. CCOP Techn.,* **8,** 85-118.

46) Hood, A., Gatjahr, C.C.H. and Heacock, R.L., 1975 : Organic metamorphism and the generation of petroleum. *Am. Assoc. Pet. Geol. Bull.,* **59,** 986-996.

47) Bostick, N.H., 1973 : Time as a factor in thermal metamorphism of phytoclasts (coaly particles). *Congres. International de Stratigraphie et de Geologie du Carbonifere, Septieme, Krefeld, August 23-28. 1971. Compte Rendu,* **2,** 183-193.

48) Stach, E., Mackowsky, M.-TH., Teichmüller, M., Taylor, G.H., Chandra, D. and Teichmüller, R., 1982 : Stach's textbook of coal petrology (3rd ed.). 535p., Gebruder Borntraeger, Berlin.

49) Vlierboom, F.W., Coolini, B. and Zumberge, J.E., 1985 : The occurrence of petroleum in sedimentary rocks of the meteor impact crater at Lake Siljam, Sweden. *Org. Geochem.,* **10,** 153-167.

50) 河井興三, 1977 : 石油の移動と地層の圧密（序論）. 石技誌, **42,** 71-75.

51) 河井興三, 1977 : 拙著「石油の移動と地層の圧密（序論）」の補遺. 石技誌. **42,** 313-314.

52) Powers, M.C., 1967 : Fluid-release mechanisms in compacting marine mudrocks and their importance in oil exploration. *Am. Assoc. Petr. Geol. Bull.,* **52,** 1240-1254.

53) Baker, E.G., 1959 : Origin and migration of oil. *Science,* **129,** 871-874.

54) McAuliffe, C., 1966 : Solubility in water of paraffin, cycloparaffin, olefin, acetylene, cycloolefin and aromatic hydrocarbons. *J. Phys. Chem.,* **70,** 1267-1275.

55) Price, L.C., 1976 : Aqueous solubility of petroleum as applied to its origin and primary migration. *Am. Assoc. Petr. Geol. Bull.,* **60,** 213-244.

56) Tissot, B.P. and Welte, D.H., 1984 : Petroleum formation and occurrence (2nd revised and enlarged ed.). 699 p. Springer-Verlag, Berlin.

57) Neglia, S., 1979 : Migration of fluids in sedimentary basins. *Am. Assoc. Pet. Geol. Bull.,* **63,** 573-579.

58) 庄司力偉, 1971 : 堆積岩石学. 285 p., 朝倉書店, 東京.

59) 沖村雄二, 1982 : 地学双書 23　石灰岩. 169 p., 地学団体研究会, 東京.

60) McNab, J.B., Smith, P.V. Jr. and Betts, R.L., 1952 : The evolution of petroleum. *Ind. Eng. Chem.,* **44,** 2556-2563.

61) Silverman, S.R., 1967 : Carbon isotopic evidence for the role of liquids in petroleum. *J. Am. Oil Chem Soc.,* **44,** 691-695.

62) Stevenson, D.P., Wagner, C.D., Beeck, O. and Otvos, J.W., 1984 : Isotope effect in the thermal cracking of propane-1-C^{13}. *J. Chem. Phy.,* **16,** 993-994.

63) Degens, E.T., 1969 : Biogeochemistry of stable carbon isotopes. *In* Eglinton, G. and Murphy, T.J. ed. ; Organic geochemistry : methods and results, 304-329, Springer-Verlag, New York.

64) Pusey, W.C. III, 1973 : How to evaluate potential gas and oil source rocks. *World Oil,* **176,** 71-75.

65) Moody, J.D., 1975 : Distribution and geological characteristics of giant oil fields. *In* Fischer, A.G. and Judson, S. ed ; Petroleum and global tectonics, 307-320, Princeton Univ. Press, New Jersey.

66) 嶋崎統五，1979：基礎試錐「軽舞」に関するVisual kerogenの研究．石油資源開発株式会社　技研所報，**22**，66-89．

67) 平井明夫，1980：ケロジェンタイプの識別法，帝国石油株式会社，技研所報，**32**，35-59．

68) Espitalié, J., Laporte, J.L., Madec, M., Marquis, F., Leplat, P., Paulet, J. and Boutefeu, A., 1977 : Méthode rapide de caractérisation des roches mères, de leur potentiel pétrolier et de leur degré d'évolution. *Rev. Inst. FR. Pet.,* **32,** 23-42.

69) Katz, B.J., 1983 : Limitation of 'Rock-Eval' pyrolysis for typing organic matter. *Org. Geochem.,* **4,** 195-199.

70) 氏家良博，1976：基礎試錐「浜勇知」におけるケロジェンの熟成と石油の生成．石技誌，**44**，175-182．

71) 藤井敬三・岡田清史，1985：ビトリニット反射率と埋没深度との関係に関する問題点．地調月報，**36**，103-110．

72) Durand, B. and Espitalié, J., 1976 : Geochemical studies on the organic matter from the Douala Basin (Cameroon)—II. Evolution of kerogen. *Geochim. Cosmochim. Acta,* **40,** 801-808.

73) 藤井敬三・米谷宏・曾我部正敏・佐々木実・東出則昭，1979：釧路炭田地域における亜歴青炭の石炭岩石学的研究について—釧路沖における石油探査の基礎データとして．石技誌，**44**，134-143．

74) 藤井敬三・東出則昭，1980：石炭化度のパラメーターに関するいくつかの問題点，石技誌，**45**，345-352．

75) Peters, K.E., Ishiwatari, R. and Kaplan, I.R., 1977 : Color of kerogen as index of organic maturity. *Am. Assoc. Pet. Geol. Bull.,* **61,** 504-510.

76) Staplin, F.L., 1969 : Sedimentary organic matter, organic metamorphism, and oil and gas occurrence. *Can. Pet. Geol. Bull.,* **17,** 47-66.

77) Dennis, L.W., Maciel, G.E., Hatcher, P.G. and Simoneit, B.R.T., 1982 : ^{13}C Nuclear magnetic resonance studies of kerogen from Cretaceous black shales thermally altered by basaltic intrusions and laboratory simulations. *Geochim. Cosmochim. Acta,* **46,** 901-907.

78) Hirata, S. and Akiyama, M., 1982 : ^{1}H-NMR T_1 as a possible parameter to diagenesis. *Geochem. J.,* **16,** 97-98.

79) 秋山雅彦・氏家良博，1985：有機熟成評価のための新しい指標—^{1}H-NMR T_1—，石技誌，**50**，99-108．

80) Robin, P.L. and Rouxhet, P.G., 1976 : Contribution des différentes fonctions

chimiques dans les bandes d'absorption infrarouge des kérogènes situées a 1710, 1630 et 3430 cm^{-1}. *Rev. Inst. Fr. Pet.,* **31,** 955-977.

81) Robin, P.L. and Rouxhet, P.G., 1978 : Characterization of kerogens and study of their evolution by infrared spectroscopy : carbonyl and carboxyl groups. *Geochim. Cosmochim. Acta,* **42,** 1341-1349.

82) Rouxhet, P.G. and Robin, P.L., 1978 : Infrared study of the evolution of kerogens of different origins during catagenesis and pyrolysis. *Fvel,* **57,** 533-540.

83) 氏家良博・秋山雅彦，1978：基礎試錐「浜勇知」コアサンプル中のケロジェン．石技誌，**43,** 60-67.

84) 石油学会（編），1982：新石油事典，973 p., 朝倉書店，東京．

85) 石油学会（編），1984：ガイドブック 世界の大油田，539 p., 技報堂，東京．

86) 松沢明，1977：石油資源開発技術の回顧と展望．岩尾裕純．黒田吉益（編）；日本の鉱物資源，1-20．共立出版，東京．

87) 矢崎清貫，1982：油田・ガス田分布図（400万分の１）．日本地質アトラス，86-89．地質調査所，筑波．

88) 相場惇一，1986：日本における石油探鉱技術のあゆみ．田口一雄教授退官記念論文集，47-71．

89) 小松直幹・猪間明俊，1985：日本における石油地質学の進歩．地質学論集，25号，431-441．

90) Gold, T., 1988 : Power from the earth.（翻訳：脇田宏監訳，地球深層ガス一新しいエネルギーの創生一．286 p., 日経サイエンス社，東京）

91) 氏家良博，1992：地球深層ガス．地球科学，**46,** 291-293.

92) 脇田宏，1990：マグマがつくる天然ガス．サイエンス，1990年８月号，94-102.

93) 田口一雄，1990：未熟成“秋田原油”の成因一未熟成原油にまつわる諸問題一．Researches in Organic Geochemistry, 7, 67-71.

94) 田口一雄，1992：最近における無定形ケロジェンの研究と石油の生成一新しいケロジェン成因説の台頭一．石技誌，**57,** 274-289.

95) 平林憲次，1991：炭酸塩岩根源岩の岩相，堆積環境および有機物含有量．石技誌，**56,** 209-221.

96) Orr, W.L., 1986 : Kerogen / asphaltene / sulfur relationships in sulfur - rich Monterey oils. *Org. Geochem.,* **10,** 499-516.

97) Price, L.C. and Wenger, L.M., 1992 : The influence of pressure on petroleum generation and maturation as suggested by aqueous pyrolysis. *Org. Geochem.,* **19,** 141-159.

98）嶋崎統五，1986：石油探鉱におけるビジュアル・ケロジェン分析法とその応用．田口一雄教授退官記念論文集，269-302．

99）増田昌敬・占部滋之・佐藤徹・佐野正治・佐溝信幸，1992：座談会　EORは石油増産の切り札となり得るか．ペトロテック，**15**，808-816．

100）森島宏，1992：第13回世界石油会議ハイライト　(2)アップストリームにおける世界の石油産業の動向．ペトロテック，**15**，34-36．

101）松井賢一，1991：エネルギーデータの読み方使い方．158 p.，電力新報社，東京．

102）松本良，1987：ガスハイドレイトの性質・産状・地質現象との関わりについて．地質雑，**93**，597-615．

103）奥田義久，1993：シャーベット状の天然ガス資源―ガスハイドレート．ペトロテック，**16**，300-306．

104）石油連盟，1989：内外石油資料　1988年版．122 p.

105）石油学会，1992：統計　世界の原油・天然ガス，国内石油，石油化学。ペトロテック，**15**，897-902．

106）天然ガス鉱業会・大陸棚石油開発協会，1992：改訂版 日本の石油・天然ガス資源，3-34．

107）森島宏，1999：未来エネルギーへのかけ橋―天然ガス―．石油技術協会誌，64，311-321．

108）石油鉱業連盟，2007：石鉱連資源評価スタディ2007年　世界の石油・天然ガス等の資源に関する2005年末評価．322p.

109）British Petroleum，2009：BP statistical review of world energy June 2009．45p.（BPのホームページからダウンロード可能）

索　引

ア　行

カ　行

タ　行

ナ　行

ハ　行

マ　行

ヤ　行

ラ　行

ワ　行

氏 家 良 博（うじ いえ よし ひろ）

1950年生まれ
東京教育大学理学部地学科卒業
北海道大学大学院理学研究科修了
元弘前大学大学院理工学研究科教授，理学博士
専門，有機地質学

石油地質学概論―第二版―

1990年1月30日　初版第1刷発行
2021年8月20日　第二版第2刷発行

©著　者　氏 家 良 博
発 行 者　原 田 邦 彦
発 行 所　東海教育研究所
〒160-0023　東京都新宿区西新宿7-4-3升本ビル7階
TEL 03-3227-3700（代表）

印刷・製本　㈱デジタルパブリッシングサービス

ISBN978-4-924523-12-8